Canon EOS 7D Mark Ⅱ
数码单反摄影圣经

FUN视觉 雷波 编著

 化学工业出版社

·北京·

利用手中的相机拍出好照片是广大摄影爱好者追求的目标。本书是一本专门为 Canon EOS 7D Mark Ⅱ相机用户定制的摄影技巧大全和速查手册,内容涵盖了使用该相机进行拍摄全流程所需掌握的各种摄影知识和技巧,包括 Canon EOS 7D Mark Ⅱ相机功能、菜单设置详解、镜头和附件的选择与使用、拍摄佳片必须掌握的摄影知识、突破拍摄瓶颈必须攻克的技术难点、各类常见题材实拍技法等。

本书在讲解各部分内容时,还加入了高手点拨与 Q&A 模块,精选了数位资深摄影师总结出来的 Canon EOS 7D Mark Ⅱ使用经验和技巧,以及摄影爱好者初上手使用 Canon EOS 7D Mark Ⅱ时可能遇到的各种问题、出现的原因和解决办法,以便帮助读者少走弯路或避免遇到这些问题时求助无门的烦恼。

通过阅读本书,相信各位摄友一定能够玩转手中的 Canon EOS 7D Mark Ⅱ并迅速提高摄影水平,从而拍摄出精彩、漂亮的大片。

图书在版编目(CIP)数据

Canon EOS 7D Mark Ⅱ数码单反摄影圣经 / FUN 视觉,雷波编著.
北京:化学工业出版社,2015.1
ISBN 978-7-122-22599-3

Ⅰ.①C… Ⅱ.①F…②雷… Ⅲ.①数字照相机-单镜头反光照相机-摄影技术 Ⅳ.①TB86②J41

中国版本图书馆 CIP 数据核字(2014)第 300641 号

责任编辑:孙 炜 王思慧　　　　　　　　装帧设计:王晓宇

出版发行:化学工业出版社(北京市东城区青年湖南街 13 号 邮政编码 100011)
印　　装:北京盛通印刷股份有限公司
787mm×1092mm　1/16　印张 20　字数 500 千字　2015 年 2 月北京第 1 版第 1 次印刷

购书咨询:010-64518888(传真:010-64519686)　售后服务:010-64518899
网　　址:http://www.cip.com.cn
凡购买本书,如有缺损质量问题,本社销售中心负责调换。

定　　价:99.00 元

前　言

利用手中的相机拍出好照片是广大摄影爱好者追求的目标。除了研究相机使用说明书、上网查阅相关资料、请教有经验的摄友等方式外，系统学习介绍该相机使用方法及技巧方面的专业书籍是最高效、简单的方法。本书正是一本能够帮助读者全面、深入、细致地了解和掌握 Canon EOS 7D Mark Ⅱ 各项功能、菜单设置、镜头和附件的选择与使用、拍摄佳片必须掌握的摄影知识、各类题材实拍技法等方面内容的实用型图书，可以解决读者在相机使用与拍摄过程中遇到的常见问题。

首先，本书通过丰富的示例和精美的图示对 Canon EOS 7D Mark Ⅱ 的全部菜单及设置方法进行了详细讲解，包括掌握 Canon EOS 7D Mark Ⅱ 的基本设定和操作方法、掌握白平衡及照片风格设定、掌握常用测光和曝光模式、掌握曝光参数设定及曝光技法、掌握感光度设定、掌握对焦设定、掌握实时显示与动画设定、掌握拍摄时的相机操作设定、掌握回放与浏览影像设定、掌握相机自定义操作设定等，以帮助读者掌握相机的各项功能及实拍设置方法。

其次，结合 Canon EOS 7D Mark Ⅱ 相机的特点，本书对使用该相机拍出好照片所需掌握的摄影知识，特别是突破拍摄瓶颈所需攻克的技术难点进行了深入剖析，如白平衡偏移、曝光宽容度、自动包围曝光、18% 中性灰测光原理、右侧曝光、曝光锁定、利用柱状图判断曝光是否准确、手动对焦、自动对焦微调、不同光线下拍摄的要点、如何营造迷人的光影效果、必知的摄影构图理念、必须掌握的完美构图法则、二次构图技巧等，使用户在摄影理论和技术上得到明显提高。

第三，本书对 Canon EOS 7D Mark Ⅱ 的自动对焦系统进行了深入剖析。所讲的内容不仅包括：什么是对焦点，什么是十字形对焦点、双十字形对焦点这样的对焦基础知识；此外，还详细分析了三种常用对焦模式的异同及与手动对焦相关的若干技巧。

通过阅读这些内容，相信各位读者一定能够以更灵活的方法操控 Canon EOS 7D Mark Ⅱ 的自动对焦系统。

第四，本书讲解了丰富的镜头和附件知识，包括能够与该相机匹配的各类镜头详细点评、常用滤镜的使用技巧、适用于佳能全系列相机的外置闪光灯的使用要点，这些知识无疑能够帮助读者充分发挥 Canon EOS 7D Mark Ⅱ 的潜能，使自己成为真正的玩家。

第五，本书详细讲解了各类摄影题材的实战技法，如时尚美女、可爱儿童、山峦、树木、草原、溪流与瀑布、河流与湖泊、海洋、冰雪、雾景、蓝天白云、日出日落、星轨、闪电、彩虹、雨景、城市风光、城市夜景、花卉、昆虫、宠物、鸟类等，基本上涵盖了初中级摄影爱好者可能拍摄到的各类题材，相信掌握这些题材的拍摄技法后，各位读者很快就能够成为一个摄影高手。

本书在讲解各部分内容时，还加入了高手点拨与 Q&A 模块，精选了数位资深摄影师总结出来的 Canon EOS 7D Mark Ⅱ 使用经验和技巧，以及摄影爱好者初上手使用 Canon EOS 7D Mark Ⅱ 时可能遇到的各种问题、出现的原因和解决办法，以便帮助读者少走弯路或避免遇到这些问题时求助无门的烦恼。

为了方便各位读者及时与笔者交流与沟通，有条件上网的读者朋友可以加入光线摄影交流QQ群(群1：140071244，群2：231873739，群3：285409501)。

本书是集体劳动的结晶，参与本书编著的还包括雷剑、吴腾飞、左福、范玉婵、刘志伟、李美、王芬、詹曼雪、黄正、孙美娜、刑海杰、陈红艳、徐克沛、吴晴、李洪泽、漠然、李亚洲、佟晓旭、苑丽丽、董文杰、张来勤、刘星龙、边艳蕊、马俊南、史成元、白艳、赵菁、杨茜、陈栋宇、刘丽娟、陈炎、金满、李懿晨、赵静、刘肖、黄磊、袁冬焕等。

编　者

2014 年 11 月

目录 *Contents*

Chapter 01
Canon EOS 7D Mark Ⅱ 相机结构

Canon EOS 7D Mark Ⅱ 相机正面结构.............14
Canon EOS 7D Mark Ⅱ 相机背面结构.............15
Canon EOS 7D Mark Ⅱ 相机顶部结构.............17
Canon EOS 7D Mark Ⅱ 相机侧面结构.............18
Canon EOS 7D Mark Ⅱ 相机底部结构.............18
Canon EOS 7D Mark Ⅱ 相机肩屏信息.............19
Canon EOS 7D Mark Ⅱ 相机光学取景器.........20
Canon EOS 7D Mark Ⅱ 相机速控屏幕.............21

Chapter 02
掌握相机的基本设定及操作方法

使用 Canon EOS 7D Mark Ⅱ 的速控屏幕设置
　参数...23
　什么是速控屏幕...23
　使用速控屏幕设置参数的方法............................23
Canon EOS 7D Mark Ⅱ 菜单的基本设置方法...24
Canon EOS 7D Mark Ⅱ 显示屏的基本使用
　方法...24
设置照片存储类型、尺寸与画质.........................25
　设置照片存储类型...25
　使用RAW格式拍摄的优点.................................25
　如何处理RAW格式文件.....................................25
　设置合适的分辨率为后期处理做准备..................26
　设置照片画质...27
设置照片的长宽比...28
　最主流的长宽比——3：2.................................28
　拍出全景感的宽画幅——16：9.........................29
　最质朴的正方形构图——1：1...........................29
　拍出更沉稳的画面——4：3..............................30
存储用户常用自定义设置....................................31

　灵活运用自定义拍摄模式.................................31
　清除自定义拍摄模式..32
清除全部相机设置...32
自动关闭电源节省电力.......................................32
设置照片存储文件夹选项....................................33
格式化存储卡清除空间.......................................33
镜头像差校正...34
设置日期/时间/区域...35
设置相机语言...35
了解相机电池信息...36

Chapter 03
掌握回放与浏览影像设定

认识播放状态参数...38
掌握回放照片的基本操作....................................38
回放照片时使用速控屏幕进行操作.......................39
设置图像确认时间控制拍摄后预览时长.................41
保护照片防止误删除..41
旋转照片以利于查看..42
设置照片自动旋转...42
清除无用照片...43
使用主拨盘进行图像跳转....................................43
利用高光警告功能避免过曝.................................44
　什么情况下拍摄可能过曝.................................44
　设置"高光警告"功能.......................................44

正确选择测光模式准确测光..............................58
　　18%测光原理...58
　　评价测光模式...59
　　实拍应用：使用评价测光拍摄大场面的风景.........59
　　中央重点平均测光模式................................60
　　实拍应用：使用中央重点平均测光模式拍摄
　　　人像...61
　　局部测光模式...62
　　点测光模式...63
　　实拍应用：用点测光逆光拍摄剪影效果...........63
　　实拍应用：拍摄曝光正常的半剪影效果...........64
　　实拍应用：利用点测光拍摄皮肤曝光正常的
　　　人像...65
场景智能自动模式...66
正确选择曝光模式拍出个性化照片..................67
　　程序自动模式 P...67
　　快门优先模式 Tv...68
　　光圈优先模式 Av...69
　　全手动模式 M...70
　　B门模式...71

按幻灯片形式播放照片.....................................44
显示自动对焦点...45
设置回放照片时的放大比例.............................45
同时显示多张照片...46

正确选择白平衡...48
　　了解白平衡的重要性....................................48
　　正确选择内置白平衡....................................49
　　调整色温...50
　　实拍应用：在日出前利用阴天白平衡拍出暖色
　　　调画面..51
　　实拍应用：调整色温拍出蓝调雪景..................51
　　实拍应用：拍摄蓝紫色调的夕阳.....................52
　　实拍应用：选择恰当的白平衡获得强烈的暖调
　　　效果...52
　　实拍应用：在傍晚利用钨丝灯白平衡拍出冷暖
　　　对比强烈的画面.......................................53
　　实拍应用：利用低色温表现蓝调夜景...............53
自定义白平衡...54
白平衡偏移/包围...55
　　设置白平衡偏移...55
　　设置白平衡包围...55
为不同用途的照片选择色彩空间.....................56
　　为用于纸媒介的照片选择色彩空间..................56
　　为用于电子媒介的照片选择色彩空间...............56

设置曝光等级增量精确调整曝光.....................73
利用高光色调优先表现高光细节.....................74
利用自动亮度优化提升暗调照片质量.............75
利用长时间曝光降噪获得纯净画质..................76
实拍应用：利用长时间曝光降噪拍摄夜景
　　中的车流..77
设置曝光补偿以获得正确曝光.........................78
　　曝光补偿的概念...78
　　判断曝光补偿的方向....................................78
　　判断曝光补偿的数量....................................79
　　正确理解曝光补偿.......................................80
　　实拍应用：增加曝光补偿拍摄皮肤白皙的人像...81

实拍应用：降低曝光补偿拍摄深色背景.................82
实拍应用：增加曝光补偿拍摄白雪.........................83
实拍应用：逆光拍摄时通过负向曝光补偿拍出
剪影或半剪影效果.......................84
利用自动包围曝光提高拍摄成功率.................85
理解自动包围曝光.......................85
设置包围曝光量的方法.......................85
包围曝光自动取消.......................86
设置包围曝光顺序.......................86
利用HDR合成漂亮的大光比照片.................87
理解宽容度.......................87
解决宽容度问题的最佳办法——HDR.................87
利用包围曝光法为合成HDR照片拍摄素材.................88
使用Photoshop合成高动态HDR影像.................89
被人忽视的曝光策略——右侧曝光.................90
利用曝光锁定功能锁定曝光.................91
曝光锁定应用场合及操作方法.................91
不同摄影题材的曝光锁定技巧.................92
通过柱状图判断曝光是否准确.................93
柱状图的作用.......................93
如何观看柱状图.......................94
显示柱状图的方法.................94
通过后期软件查看柱状图.................95
不同类型照片的柱状图.................95
安全偏移.......................97

设置ISO感光度的范围.................100
感光度设置原则.................10
不同光照下的ISO设置原则.................10
拍摄不同对象时的ISO设置原则.................10
不同拍摄目的的ISO设置原则.................10
ISO感光度设置增量.................102
光线多变的情况下灵活使用自动感度功能.....10
实拍应用：使用高感光度捕捉运动对象.................104
实拍应用：使用低感光度拍摄丝滑的水流.................104
利用高ISO感光度降噪功能减少噪点.................105

Chapter

08 掌握对焦设定

认识Canon EOS 7D Mark II的对焦系统.................107
理解对焦点.......................107
强大的65点对焦系统.................108
了解一字形、十字形及双十字形对焦点.................108
了解F2.8及F5.6各级别对焦点的意义.................109
选择自动对焦模式.................110
拍摄静止对象选择单次自动对焦
（ONE SHOT）.................110
拍摄运动对象选择人工智能伺服自动对焦
（AI SERVO）.................11
拍摄动静不定的对象选择人工智能自动对焦
（AI FOCUS）.................112
控制自动对焦辅助光.................113
使用手动对焦准确对焦.................113
选择自动对焦区域选择模式.................114
手动选择：定点自动对焦.................115
手动选择：单点自动对焦.................116
扩展自动对焦区域（十字/周围）.................116
手动选择：区域自动对焦.................117
手动选择：大区域自动对焦.................117
自动选择：65点自动对焦.................118
自动对焦区域选择方法.................118
手选对焦点的方法.................119
镜头与可用的自动对焦点数量.................120
无法进行自动对焦时的镜头驱动.................12
设置自动对焦点数量.................12
与方向链接的自动对焦点.................122

Chapter

07 掌握感光度设定

感光度概念及设置方法.................99
Canon EOS 7D Mark II实用感光度范围.................99

手动选择自动对焦点的方式...............123
对焦时自动对焦点显示...............123
取景器显示照明...............124
初始AF点，〔 〕人工智能伺服AF...............125
取景器中的自动对焦状态...............125
自动对焦点自动选择：EOS iTR AF...............126
不同场合的自动对焦控制...............127
　场合1 通用多用途设置...............127
　场合2 忽略可能的障碍物，连续追踪被摄体......129
　场合3 对突然进入自动对焦点的被摄体立刻
　　对焦...............129
　场合4 对于快速加速或减速的被摄体...............130
　场合5 对于向任意方向快速不规则移动的
　　被摄体...............130
　场合6 适用于移动速度改变且不规则移动的
　　被摄体...............131
人工智能伺服第一张图像优先...............131
人工智能伺服第二张图像优先...............132
镜头电子手动对焦...............133
单次自动对焦释放优先...............133
一键完成对焦设置的操作技巧...............134
　一键切换单次自动对焦与人工智能伺服自动
　　对焦...............134
　一键切换自动对焦点...............135
　一键设置重要的对焦参数与选项...............136

Chapter 09 掌握创意图像拍摄设定

如何调用创意图像功能...............138
设置照片风格修改照片色彩...............138
　使用预设照片风格...............138
　修改预设的照片风格参数...............140
　注册照片风格...............144
HDR模式...............145
　调整动态范围...............145
　效果...............145
　连续HDR...............147
　自动图像对齐...............147
　保存源图像...............147

在大光比环境中使用HDR功能拍出细节丰富
的照片...............148
设置多重曝光...............149
　多重曝光...............149
　多重曝光控制...............149
　曝光次数...............151
　保存源图像...............151
　连续多重曝光...............151
　使用多重曝光拍摄蒙太奇人像...............152
　用存储卡中的照片进行多重曝光...............152
　使用多重曝光拍摄明月...............153

Chapter 10 掌握实时显示与动画设定

光学取景器拍摄与实时取景显示拍摄原理......155
　光学取景器拍摄原理...............155
　实时取景显示拍摄原理...............155
实时取景显示模式的特点...............156
　能够使用更大的屏幕进行观察...............156
　易于精确合焦以保证照片更清晰...............156
　具有实时面部优先拍摄模式的功能...............156
　能够对拍摄图像进行曝光模拟...............156
实时取景显示模式典型应用案例...............157
　微距花卉摄影...............157
　商品摄影...............157
　人像摄影...............158
开启实时取景显示模式...............159
认识实时取景显示模式参数...............159
利用Canon EOS 7D Mark Ⅱ拍摄高清视频......160
　拍摄短片的基本设置...............160
　拍摄短片的基本流程...............160
设置实时显示拍摄参数...............161
　网格线显示...............161
　静音拍摄...............161
　测光定时器...............161
　自动对焦方式...............162
　短片记录画质...............162
　录音...............164
　视频制式...............164
　静音控制...............165

时间码 165

　　⚆按钮功能 166

拍摄短片的注意事项 166

针对不同题材设置不同驱动模式 168

　　单拍模式 168

　　连拍模式 169

　　自拍模式 170

设置连拍速度 171

使用反光镜预升功能使照片更清晰 172

设置"提示音"确认合焦 173

设置INFO.按钮的功能使操作更便利 173

通过清洁感应器获得更清晰的照片 174

利用除尘数据自动去除照片污点 174

防止无存储卡时操作 176

设置"多功能锁"以避免误改设置 177

设置"对新光圈维持相同曝光" 177

设置快门速度范围 178

设置光圈范围3 178

Tv/Av设置时的转盘转向 179

设置照片文件编号形式 179

设置液晶屏的亮度 180

自动对焦微调 181

Canon EOS镜头名称解读 183

系数 185

定焦与变焦镜头 186

广角镜头 187

广角镜头的特点 187

广角镜头在风景摄影中的应用 187

广角镜头在建筑摄影中的应用 187

佳能 EF 17-40mm F4 L USM｜经济实惠的红圈

广角镜头 188

中焦镜头 189

中焦镜头的特点 189

中焦镜头在人像摄影中的应用 189

中焦镜头在自然风光摄影中的应用 .. 189

EF 50mm F1.8 Ⅱ｜平民化大光圈标准镜头

之首选 190

EF 24-105mm F4 L IS USM｜高性价比的标准

变焦镜头 191

长焦镜头 192

长焦镜头的特点 192

使用长焦镜头虚化背景以突出动物或飞鸟 .. 192

长焦镜头在建筑风光摄影中的应用 .. 193

长焦镜头在人像摄影中的应用 194

利用长焦镜头拍摄真实自然的儿童照 .. 194

长焦镜头在体育、纪实摄影中的应用 .. 195

EF 70-200mm F2.8 L IS Ⅱ USM｜顶级技术

造就出的顶级镜头 196

EF 70-200mm F4 L IS USM｜高画质的轻量级

中长焦变焦镜头 197

微距镜头 198

微距镜头的特点 198

微距镜头在昆虫与花卉摄影中的应用 .. 198

克服"新百微"手持微距拍摄对焦难问题 .. 199

EF 100mm F2.8 L IS USM｜带有防抖功能的

专业级微距镜头 200

实拍应用：用偏振镜提高色彩饱和度 204

实拍应用：用偏振镜抑制非金属表面的反光 204

偏振镜使用注意事项 205

近摄镜与近摄延长管 206

中灰镜 207

什么是中灰镜 207

中灰镜的规格 207

渐变镜 208

什么是渐变镜 208

不同形状渐变镜的优缺点 208

渐变镜的角度 209

实拍应用：在阴天使用中灰渐变镜改善天空

影调 210

Chapter 15 为 Canon EOS 7D Mark Ⅱ 选择合适的闪光灯

全方位了解闪光摄影 212

利用闪光灯可以自由操控光线 212

内置闪光灯和外置闪光灯的性能对比 .. 212

内置闪光灯并非一无是处 212

外置闪光灯的4大优势 213

闪光灯的基本性能指标——闪光指数 .. 214

闪光灯的基本性能指标——照明角度 .. 214

内置闪光灯功能设置 215

设置内置闪光灯的闪光模式 215

设置内置闪光灯的快门同步模式 217

设置内置闪光灯的闪光曝光补偿值 .. 218

设置内置闪光灯的无线闪光功能 218

外置闪光灯的结构及基本功能 219

设置外置闪光灯的工作模式 220

设置外置闪光灯在光圈优先模式下的闪光

同步速度 221

设置外置闪光灯的快门同步模式 222

外置闪光灯使用高级技法 223

利用离机闪光灵活控制光位 223

利用跳闪方式补光避免光线生硬 224

妙用闪光灯拍摄逆光小景深人像 225

利用慢速闪光同步拍摄背景明亮的夜景人像 .. 226

用眼神光板为人物补充眼神光 227

Chapter 14 用滤镜为照片添色增彩

UV镜 202

偏振镜 203

使用柔光罩把闪光变得更柔和...........................227

Chapter

16
Canon EOS 7D Mark Ⅱ
高手实战准确用光攻略

不同时段自然光的特点...........................229
清晨...........................229
上午...........................229
中午...........................230
下午...........................230
黄昏...........................231
夜晚...........................231
营造迷人光影效果...........................232
画面的阴影...........................232
用阴影平衡画面...........................232
用阴影为画面做减法...........................233
用阴影增强画面的透视感...........................233
用投影为画面增加形式美感...........................234
用剪影为画面增加艺术魅力...........................234

Chapter

17
Canon EOS 7D Mark Ⅱ
高手实战完美构图攻略

利用画面视觉流程引导视线...........................236
什么是视觉流程...........................236
利用光线规划视觉流程...........................237
利用线条规划视觉流程...........................238
必须掌握的14种构图法则...........................239
高水平线构图...........................239
低水平线构图...........................239
中水平线构图...........................239
垂直线构图...........................239
三分法构图...........................240
曲线构图...........................240
斜线构图...........................241
折线构图...........................241
三角形构图...........................242
框式构图...........................243
对称式构图...........................243
散点式构图...........................244

透视牵引构图...........................244
辐射式构图...........................245
利用线条透视营造画面的纵深感...........................245
镜头焦距...........................246
拍摄方向...........................246
利用空气透视营造画面的纵深感...........................247
利用前景增强画面的透视感...........................248

Chapter

18
Canon EOS 7D Mark Ⅱ
风光摄影高手实战攻略

必须掌握的风光摄影理念...........................250
只用一种色彩拍摄有情调的风光照片...........................250
使风光照片有最大景深...........................251
赋予风景画面层次感...........................252
找到天然画框突出主体...........................252
关注光圈衍射效应对画质的影响...........................253
利用前景使风光照片有纵深感...........................254
风光摄影中人与动体的安排...........................255
山峦摄影实战攻略...........................256
通过不同的角度来表现山峦...........................256
用云雾衬托出山脉的灵秀之美...........................257
用前景衬托环境的季节之美...........................258
利用大小对比突出山的体量感...........................259
三角形构图表现山体的稳定...........................259
树木摄影实战攻略...........................260
仰视拍出不一样的树冠...........................260
捕捉林间光线使画面更具神圣感...........................261
表现线条优美的树枝...........................262
溪流与瀑布摄影实战攻略...........................263
用中灰镜拍摄如丝的溪流与瀑布...........................263
拍摄精致的溪流局部小景...........................264
通过对比突出瀑布的气势...........................264
斜线构图表现水流的动感...........................265
曲线构图拍出蜿蜒的溪流...........................265
利用前景丰富画面、突出空间感...........................266
河流与湖泊摄影实战攻略...........................267
逆光拍摄出有粼粼波光的水面...........................267
选择合适的陪体使湖泊更有活力...........................268
采用对称构图拍摄有倒影的湖泊...........................269
海洋摄影实战攻略...........................270

用慢速快门拍出雾化海面 270
利用高速快门凝固飞溅的浪花 271
利用不同的色调拍摄海面 271
通过陪体对比突出大海的气势 272
利用明暗对比拍摄海水 273

草原摄影实战攻略 274
利用牧人、牛、羊使草原有勃勃生机 274
利用宽画幅表现壮阔的草原画卷 274

冰雪摄影实战攻略 275
选择合适的光线让白雪晶莹剔透 275
选择白平衡为白雪染色 276
利用蓝天与白雪形成鲜明对比 277
拍摄雪景的其他小技巧 277

雾景摄影实战攻略 278
调整曝光补偿使雾气更洁净 278
选择合适的光线拍摄雾景 279

蓝天白云摄影实战攻略 280
拍摄出漂亮的蓝天白云 280
拍摄天空中的流云 281

日出日落摄影实战攻略 282
用长焦镜头拍摄出大太阳 282
选择正确的测光位置及曝光参数 282
用云彩衬托太阳使画面更辉煌 283
拍摄透射云层的光线 283

星轨摄影实战攻略 284

闪电摄影实战攻略 285

彩虹摄影实战攻略 286

雨景摄影实战攻略 287

Canon EOS 7D Mark II 城市
建筑摄影高手实战攻略

建筑摄影实战攻略 289
在建筑中寻找标新立异的角度 289
利用建筑结构韵律形成画面的形式美感 290
逆光拍摄剪影以突出建筑的轮廓 291

城市夜景摄影实战攻略 292
拍摄夜景的光圈设置 292
拍摄夜景的ISO设置 292
拍摄夜景时的快门速度设置 293
拍摄呈深蓝色调的夜景 294

利用水面拍出极具对称感的夜景建筑.................295

Chapter
20 Canon EOS 7D Mark Ⅱ 人像
摄影高手实战攻略

拍摄肖像眼神最重要..........................297

抓住人物情绪的变化..........................298

通过模糊前景使模特融入环境.................299

如何拍出素雅的高调人像......................300

如何拍出有个性的低调人像....................301

重视面部特写的技法..........................302

恰当安排陪体美化人像场景....................303

采用俯视角度拍出小脸美女效果................303

用反光板为人物补光..........................304

用S形构图拍出婀娜身形.......................305

用遮挡法掩盖脸型的缺陷......................305

儿童摄影实战攻略............................306

　以顺其自然为原则..........................306

　拍摄儿童天真、纯洁的眼神..................306

　如何拍出儿童柔嫩皮肤......................307

　利用玩具吸引儿童的注意力..................308

　通过抓拍捕捉最生动的瞬间..................309

　拍摄儿童自然、丰富的表情..................310

　拍摄儿童娇小、可爱的身形..................310

Chapter
21 Canon EOS 7D Mark Ⅱ 生态
自然摄影高手实战攻略

花卉摄影实战攻略............................312

　运用逆光表现花朵的透明感..................312

　通过水滴拍出娇艳的花朵....................312

　以天空为背景拍摄花朵......................313

　以深色或浅色背景拍摄花朵..................313

露珠摄影实战攻略............................314

　用曝光补偿使露珠更明亮....................314

　逆光拍摄晶莹剔透的露珠....................314

　如何拍好露珠上折射的景物..................315

昆虫摄影实战攻略............................316

　手动精确对焦拍摄昆虫......................316

　拍摄昆虫眼睛使照片更传神..................317

　正确选择焦平面............................317

宠物摄影实战攻略............................318

　使用高速连拍提高拍摄宠物的成功率..........318

　用小物件吸引宠物的注意力..................318

鸟类摄影实战攻略............................319

　选择连拍模式拍摄飞鸟......................319

　巧用水面拍摄水鸟表现形式美................319

　注意在运动方向留出适当的空间 320

　选择合适的测光模式拍摄飞鸟................320

Chapter 01

Canon EOS 7D Mark Ⅱ
相机结构

焦距：60mm 光圈：F5.6 快门速度：1/500s 感光度：ISO100

Canon EOS 7D Mark Ⅱ 相机正面结构

遥控感应器
可以使用 RC-1、RC-5 或 RC-6 遥控器在最远 5m 处拍摄。应把遥控器的方向指向该遥控感应器，遥控感应器才能接收到遥控器发出的信号，并完成对焦和拍摄任务。

镜头安装标志
将镜头的红色或白色安装标志与相机的相同颜色的安装标志对齐，旋转镜头即可完成安装

镜头释放按钮
用于拆卸镜头，按下此按钮并旋转镜头的镜筒，可以把镜头从机身上取下来

快门按钮
半按快门可以开启相机的自动对焦及测光系统，完全按下时完成拍摄。当相机处于省电状态时，轻按快门可以恢复工作状态

镜头固定销
用于稳固机身与镜头之间的连接

自拍指示灯
当设置 2s 或 10s 自拍功能时，此灯会连续闪光进行提示

内置麦克风
在拍摄短片时，可以通过此麦克风录制单声道音频

手柄（电池仓）
在拍摄时，用右手持握在此处。该手柄遵循人体工程学的设计，持握非常舒适

景深预览按钮
按下景深预览按钮，将镜头光圈缩小到当前光圈值，此时可以通过取景器观察景深

触点
用于相机与镜头之间传递信息。将镜头拆下后，请装上机身盖，以免刮伤电子触点

镜头卡口
用于安装镜头，并与镜头之间传递距离、光圈、焦距等信息

反光镜
未拍摄时，反光镜为落下状态；而在拍摄时，反光镜会升起，并按照指定的曝光参数进行曝光。反光镜升起和落下时会产生一定的机震，尤其是使用 1/30s 以下的低速快门时更为明显，使用反光镜预升功能有利于避免机震

Canon EOS 7D Mark Ⅱ 相机背面结构

创意图像 / 对比回放（两张图像显示）
在拍摄状态下，按下此按钮可以启用并设置多重曝光、HDR 等创意拍摄功能；在回放照片时，按下此按钮可以在两张照片之间进行对比查看

定时显示拍摄 / 短片拍摄开关
将此开关设置为 ⬛，可以启动实时显示拍摄模式，切换至 🎥 即可进入短片拍摄模式

扬声器
用于播放声音

眼罩
抓住眼罩的两边，然后向上推动可将其拆下

自动对焦启动按钮
按下此按钮与半按快门的效果一样，可以进行自动对焦；在实时显示拍摄和拍摄短片时，可以使用此按钮进行对焦

索引 / 放大 / 缩小按钮
在回放照片时，使用此按钮可以在一定比例范围内对照片进行缩放，配合主拨盘使用时，还可以精确调整缩放比例

自动对焦区域选择杆
在拍摄模式下，按下自动对焦点选择按钮，然后向右拨动此选择杆，可以选择自动对焦区域模式

自动曝光锁定按钮
在拍摄模式下，按下此按钮可以锁定曝光，可以以相同曝光值拍摄多张照片

液晶监视器
使用液晶监视器可以设定菜单功能、使用实时显示拍摄功能、拍摄短片、回放照片

自动对焦点选择按钮
在拍摄模式下，按下此按钮，然后向右拨动自动对焦区域选择杆或者按下 M-Fn 按钮可以选择自动对焦区域模式；按下此按钮，然后按多功能控制钮可以选择自动对焦点

评分按钮
在回放照片时，按下此按钮可以快速为照片进行评分

图像回放
按下此按钮可以回放刚刚拍摄的照片。当再次按下此按钮时，可返回拍摄状态

菜单按钮
用于启动相机的菜单功能。在菜单中可以对画质、照片风格等功能进行设置

取景器目镜
在拍摄时，可通过观察取景器目镜里面的景物进行取景构图

多功能控制钮
使用该控制钮可以选择自动对焦点、校正白平衡、在实时显示拍摄期间移动自动对焦框；对于菜单和速控屏幕而言，只能在上下方向和左右方向工作

信息按钮
每次按下此按钮，可以分别显示相机设置、电子水准仪以及拍摄功能等参数。在回放模式、实时显示拍摄模式及短片拍摄模式下，每次按下此按钮，会依次切换信息显示

开始 / 停止按钮
用于开始或停止实时显示 / 短片拍摄状态

数据处理指示灯
正在记录和读取照片、删除照片或正在传输资料时，该指示灯将会亮起或闪烁

设置按钮
用于菜单功能选择的确认，类似于其他相机上的 OK 按钮

删除按钮
在回放照片模式下，按下此按钮可以删除当前照片。照片一旦被删除，将无法恢复

环境光感应器
会感应当前拍摄环境的光线情况，然后自动调整液晶监视器亮度

多功能锁开关
当推至右侧时，可以锁定主拨盘、速控转盘、多功能控制钮及自动对焦区域选择杆，以防止移动改变曝光；当推至左侧时即可解锁

速控按钮
按此按钮将显示速控屏幕，从而进行相关设置

速控转盘
按一个功能按钮后，转动速控转盘，可以完成相应的设置

触摸盘
在拍摄短片的过程中，为了避免按下机身按键时可能产生噪音，Canon EOS 7D Mark II 在速控转盘上安排了上、下、左、右4个触摸键，用于安静地调节快门速度、光圈、ISO 感光度、曝光补偿、录音电平以及耳机音量等参数

Canon EOS 7D Mark II 相机顶部结构

热靴
用于外接闪光灯，热靴上的触点正好与外接闪光灯上的触点相合。也可以外接无线同步器，在有影室灯的情况下起引闪的作用

测光模式选择 / 白平衡选择按钮
按此按钮，转动主拨盘可调节测光模式，转动速控转盘可调节白平衡

模式转盘锁定释放按钮
只需按住转盘中央的模式转盘锁定释放按钮，转动模式转盘即可选择拍摄模式

闪光同步触点
用于相机与闪光灯之间传递焦距、测光等信息

自动对焦区域选择模式 / 多功能按钮
按自动对焦点选择按钮后，再按此按钮可以选择不同的自动对焦区域选择模式；当安装了闪光灯时，按此按钮还可以锁定闪光曝光

内置闪光灯 / 自动对焦辅助灯
闪光灯弹起，拍摄时可为拍摄对象补光；当拍摄环境光线较暗时，内置闪光灯会短暂地发出闪光，照亮被摄体以易于自动对焦

液晶显示屏照明按钮
按此按钮可开启 / 关闭液晶显示屏照明功能

屈光度调节按钮
用于调节取景器的清晰度

主拨盘
使用主拨盘可以设置快门速度、光圈、自动对焦模式、ISO 感光度等

电源开关
控制相机的开启与关闭

液晶显示屏
显示拍摄时的各种参数

模式转盘
用于选择拍摄模式，包括场景智能自动曝光模式以及 P、Tv、Av、M、B 及 C1-C3 等模式。使用时要按下模式转盘锁定释放按钮，然后旋转转盘，使相应的模式对准左侧的小

自动对焦模式 / 驱动模式选择按钮
按下此按钮，转动主拨盘可调节自动对焦模式，转动速控转盘可调节驱动模式

ISO 感光度设置 / 闪光曝光补偿按钮
按此按钮，转动主拨盘可以调节 ISO 感光度数值，转动速控转盘可调节闪光曝光补偿数值

Canon EOS 7D Mark II 相机侧面结构

闪光灯按钮
按下此按钮，相机将弹出内置闪光灯，并在拍摄时闪光。在智能自动模式下，如果环境光线较暗，相机将自动开启闪光灯

外接麦克风输入端子
通过将带有立体声微型插头的外接麦克风连接到相机的外接麦克风输入端子，便可录制立体声

数码端子
用连接线可将相机与电视机连接起来，可以在电视机上观看图像；连接打印机可以进行打印

端子盖
用于盖住和保护端子

耳机端子
可插入耳机收听短片中的声音

HDMI 迷你输出端子
此端口用于将相机与 HD 高清晰度电视连接在一起。但是，连接的电缆 HDMI 和 HTC-100 需要另外购买

PC 端子
用于连接带有同步电缆的闪光灯，其上的丝扣可以防止连接意外断开。由于 PC 端子没有极性，因此可以连接任何同步线

遥控端子
可以将快门线 RS-80N3、定时遥控器 TC-80N3 或任何装有 N3 型端子的附件连接到相机上

存储卡插槽盖
本相机兼容 SD、CF 存储卡

Canon EOS 7D Mark II 相机底部结构

电池仓盖释放杆
用于安装和更换锂离子电池。安装电池时，应先移动电池仓盖释放杆，然后打开舱盖

脚架接孔
用于将相机固定在脚架上。可通过顺时针转动脚架快装板上的旋钮，将相机固定在脚架上

Canon EOS 7D Mark Ⅱ 相机肩屏信息

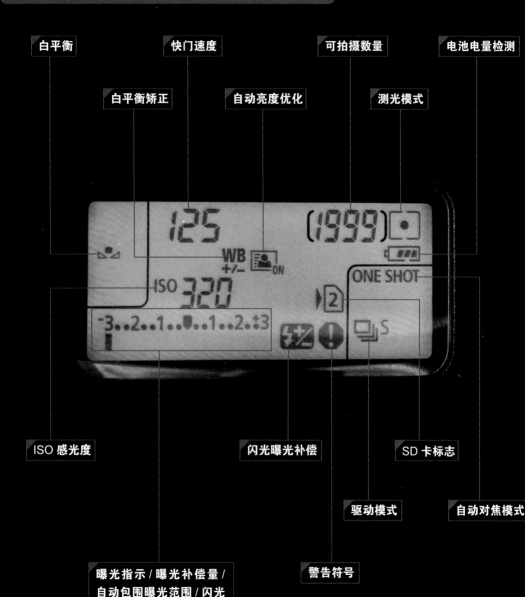

- 白平衡
- 白平衡矫正
- 快门速度
- 自动亮度优化
- 可拍摄数量
- 测光模式
- 电池电量检测
- ISO 感光度
- 闪光曝光补偿
- SD 卡标志
- 驱动模式
- 自动对焦模式
- 曝光指示 / 曝光补偿量 / 自动包围曝光范围 / 闪光曝光补偿量
- 警告符号

Canon EOS 7D Mark II 相机光学取景器

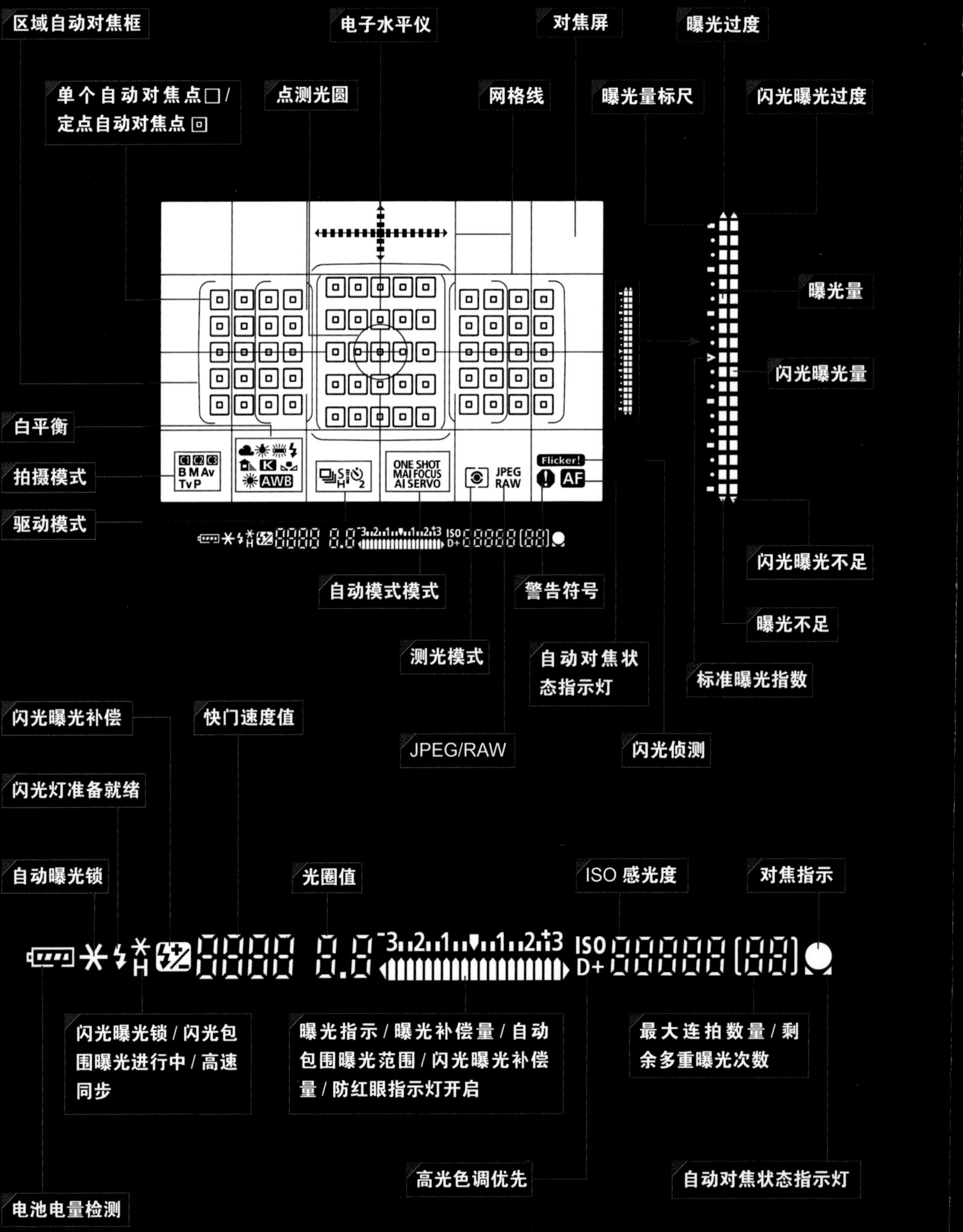

区域自动对焦框

电子水平仪

对焦屏

曝光过度

单个自动对焦点□ /
定点自动对焦点回

点测光圆

网格线

曝光量标尺

闪光曝光过度

曝光量

闪光曝光量

白平衡

拍摄模式

驱动模式

自动模式模式

警告符号

闪光曝光不足

曝光不足

测光模式

自动对焦状
态指示灯

标准曝光指数

闪光曝光补偿

快门速度值

JPEG/RAW

闪光侦测

闪光灯准备就绪

自动曝光锁

光圈值

ISO 感光度

对焦指示

闪光曝光锁 / 闪光包
围曝光进行中 / 高速
同步

曝光指示 / 曝光补偿量 / 自动
包围曝光范围 / 闪光曝光补偿
量 / 防红眼指示灯开启

最大连拍数量 / 剩
余多重曝光次数

高光色调优先

自动对焦状态指示灯

电池电量检测

Canon EOS 7D Mark Ⅱ 相机速控屏幕

曝光补偿 / 自动包围曝光设置

拍摄模式

快门速度值

光圈值

ISO 感光度

M 1/125 F5.6 ⓘⓢⓞAUTO

⁻3..2..1..①..1..2.⁺3 ±0

快门速度

对焦模式

测光模式

图像记录画质

白平衡矫正

闪光曝光补偿

驱动模式

自定义控制 / 闪光灯闪光（智能自动模式）

照片风格

白平衡

自动亮度优化

记录功能 / 存储卡选择

焦距：16mm　光圈：F13　快门速度：1/125s　感光度：ISO100

Chapter 02

掌握相机的基本设定
及操作方法

使用 Canon EOS 7D Mark II 的速控屏幕设置参数

什么是速控屏幕

Canon EOS 7D Mark II 有一块位于机身背面的显示屏，即官方称为"液晶监视器"的组件。可以说，Canon EOS 7D Mark II 所有的查看与设置工作，都需要通过这块液晶监视器来完成，如回放照片以及拍摄参数设置等。

速控屏幕是指液晶监视器显示参数的状态，在开机的情况下，按下机身背面的回按钮即可开启速控屏幕。

▲ 按下回按钮开启速控屏幕后的液晶监视器显示状态

使用速控屏幕设置参数的方法

使用速控屏幕设置参数的方法如下。

❶ 按下机身背面的回按钮开启速控屏幕。使用多功能控制钮✳选择要设置的功能。

❷ 转动主拨盘✺或速控转盘◯即可调节参数。

❸ 如果在选择一个参数后，直接按下SET按钮，可以进入该参数的详细设置界面。调整参数后再按下SET按钮即可返回上一级界面。其中，光圈、快门速度等参数是无法按照此方法设置的。

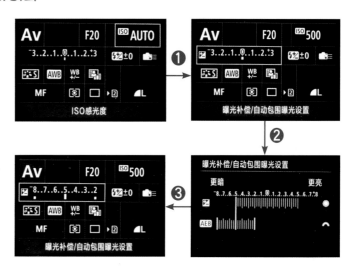

Canon EOS 7D Mark Ⅱ 菜单的基本设置方法

Ｃanon EOS 7D Mark Ⅱ 的菜单功能非常丰富，熟练掌握与菜单相关的操作，可以帮助我们进行更快速、准确的设置。下面先来介绍一下机身上与菜单设置相关的功能按钮。

● 菜单按钮
按下此按钮即可在显示屏中显示菜单项目

● 多功能控制钮
用于选择各菜单命令设置页

● 液晶监视器
用于显示菜单项目

● SET按钮
用于选择菜单命令或确认当前的设置

首先，我们先来认识一下 Canon EOS 7D Mark Ⅱ 相机提供的菜单设置页，即位于菜单顶部的各个图标，从左到右依次为播放菜单 ●、自动对焦菜单 AF、回放菜单 ▶、设置菜单 ♥、自定义功能菜单 ●，及我的菜单 ★。在操作时，每按下 ⓠ 按钮可在各个主设置页之间进行切换，转动主拨盘 可以切换副级设置页。

❶ 如果向下选择菜单项目，可以通过顺时针转动速控转盘 ◎ 来实现。

❷ 按下SET按钮可以进入菜单项目的具体参数设置界面。

❸ 在参数设置界面中，转动速控转盘 ◎ 选择所需选项，按下SET按钮完成设定并返回上一级页面。

❹ 逆时针转动速控转盘 ◎ 可以向上选择菜单项目。

Canon EOS 7D Mark Ⅱ 显示屏的基本使用方法

除了上面讲解的液晶监视器外，Canon EOS 7D Mark Ⅱ 的液晶显示屏也是在参数设置时不可或缺的重要部件，甚至可以说，液晶显示屏中已经囊括了几乎全部的常用参数，这已经足以满足我们进行绝大部分常用参数设置的需要，耗电量又非常低，且便于观看，因此，要养成在拍摄过程中经常观看液晶显示屏中参数的习惯。

通常情况下，使用液晶显示屏设置参数时，应先在机身上按下相应的按钮，然后转动主拨盘 即可调整相应的参数。但对于光圈值、快门速度值这样的参数，在某些拍摄模式下，直接转动主拨盘 或速控转盘 ◎ 即可进行设置。

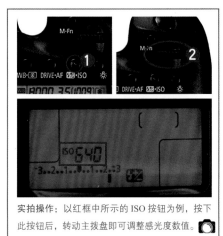

实拍操作：以红框中所示的 ISO 按钮为例，按下此按钮后，转动主拨盘即可调整感光度数值。●

设置照片存储类型、尺寸与画质

设置照片存储类型

在 Canon EOS 7D Mark Ⅱ 中，可以设置 JPEG 与 RAW 两种文件存储格式。其中，JPEG 是最常用的图像文件格式，它用有压缩的方式去除冗余的图像数据，在获得极高压缩率的同时能展现十分丰富、生动的图像，且兼容性好，广泛应用于网络发布、照片洗印等领域。

RAW 原意是"未经加工"，其是数码相机专有的文件存储格式。RAW 文件既记录了数码相机传感器的原始信息，同时又记录了由相机拍摄所产生的一些原数据（如相机型号、快门速度、光圈、白平衡等）。准确地说，它并不是某个具体的文件格式，而是一类文件格式的统称。例如，在 Canon EOS 7D Mark Ⅱ 中 RAW 格式文件的扩展名为 *.CR2，这也是目前所有佳能相机统一的 RAW 文件格式扩展名。

使用RAW格式拍摄的优点

- 可在计算机上对照片进行更细致的处理，包括白平衡调节、高光区调节、阴影区调节；清晰度、饱和度控制以及周边光量控制；还可以对照片的噪点进行处理，或重新设置照片的拍摄风格。
- 可以使用最原始的图像数据（直接来自于传感器），而不是经过处理的信息，这毫无疑问将获得更好的效果。
- 可以利用14位图片文件进行高位编辑，这意味着，可以使最后的照片获得更平滑的梯度和色调过渡效果。在14位模式操作时，可使用的数据更多。

❶ 在**拍摄菜单** 1 中选择**图像画质**选项

❷ 转动主拨盘 可以选择一种 RAW 格式；转动速控转盘 可以选择一种 JPEG 格式

▲ 表示将照片储存为 RAW 格式文件

▲ 表示将照片储存为中尺寸的一般质量 JPEG 格式文件

如何处理RAW格式文件

当前能够处理 RAW 格式文件的软件不少。如果希望用佳能原厂提供的软件，可以使用 Digital Photo Professional，此软件是佳能公司开发的一款用于照片处理和管理的软件，简写为 DPP，能够处理佳能数码单反相机拍摄的 RAW 格式文件，操作较为简单。

如果希望使用更专业一些的软件，可以考虑使用 Photoshop，此软件自带 RAW 格式文件处理插件，能够处理各类 RAW 格式文件，而不仅限于佳能、尼康数码相机所拍摄的数码照片，其功能更强大。

如果使用 Photoshop 自带的 Camera RAW 软件无法打开 Canon EOS 7D Mark Ⅱ 拍摄的照片，表明此软件需要升级。

▲ DPP 软件界面

设置合适的分辨率为后期处理做准备

分辨率是照片的重要参数，照片的分辨率越高，在电脑后期处理时裁剪的余地就越大，同时文件所占空间也就越大。

　　Canon EOS 7D Mark Ⅱ 可拍摄图像的最大分辨率为 5472×3648，相当于 2000 万像素，因而按此分辨率保存的照片有很大的后期处理空间。

　　Canon EOS 7D Mark Ⅱ 各种画质的格式、记录的像素量、文件大小、可拍摄数量及最大连拍数量（依据 8GB CF 卡、ISO100、3∶2 长宽比、标准照片风格的测试标准）如下表所示。

文件格式	画　质	记录的像素量（万）	打印尺寸	文件大小（MB）	可拍摄数量	最大连拍数量
JPEG	◢L	2000	A2	6.6	1090	130
	◢▅L			3.5	2060	2060
	◢M	890	A3	3.6	2000	2000
	◢▅M			1.8	3810	3810
	◢S1	500	A4	2.3	3060	3060
	◢▅S1			1.2	5800	5800
	S2	250	9cm×13cm	1.3	5240	5240
	S3	30	—	0.3	20330	20330
RAW	RAW	2000	A2	24	290	24
	M RAW	1100	A3	19.3	350	28
	S RAW	500	A4	13.3	510	35
RAW + JPEG	RAW+◢L	2000+2000	A2	24+6.6	220	18
	M RAW+◢L	1100+2000	A3+A2	19.3+6.6	260	18
	S RAW+◢L	500+2000	A4+A2	13.3+6.6	340	18

设置照片画质

确定了照片的存储格式与尺寸后，还要设置照片的画质，即照片的压缩设置，Canon EOS 7D Mark Ⅱ可设置的每一种照片尺寸均有"精细"与"一般"两种画质选项。不同尺寸的"精细"类画质文件格式图标分别为◢L、◢M、◢S1，不同尺寸的"一般"类画质文件格式图标分别为◢L、◢M、◢S1。

如果选择"精细"类画质文件格式，则拍摄出来照片的画质优秀、细节丰富，但文件也会相应大一些，拍摄商业静物、人像、风光等题材时，通常要选择此类画质。如果选择"一般"类文件格式，则相机自动压缩照片，照片的细节会有一定损失，但如果不放大仔细观察，这种损失并不明显。

◀ 在拍摄时设置画质为"精细"，即使放大观察，照片的细节仍然很清晰（焦距：135mm 光圈：F2.8 快门速度：1/640s 感光度：ISO100）

设置照片的长宽比

可以利用"长宽比"菜单设置照片的长边与短边的比率，可选择的设置选项为3：2、4：3、16：9及1：1。

■ 3：2：此长宽比和胶片相机的35mm胶片、6×9胶片、APS-C胶片的长宽比相同，打印的明信片、宽12寸（254×368毫米）照片等也几乎是相同比率。

■ 16：9：此长宽比是高清电视和胶片相机APS-H的长宽比，能够强调画面的宽阔感。

■ 1：1：此长宽比和胶片相机的6×6胶片长宽比相同，拍摄出的照片也能直接简单地展现主体，给人更突出、直接的感觉。

❶ 在**拍摄菜单**5中选择**长宽比**选项

高手点拨

Canon EOS 7D Mark Ⅱ 的各种长宽比以3：2为标准裁切的，4：3裁掉了左右的小部分画面，16：9裁掉了上下的部分画面，1：1则裁掉了左右的很大一部分。

❷ 按▲或▼方向键选择所需图像的长宽比

最主流的长宽比——3：2

3：2比一般小型数码相机的4：3画面更横长，因此在构图时可以裁掉整张照片的上下部分。在纵向拍摄人物时，可以避免在画面的左侧和右侧拍进多余的物体。拍摄时构图相对容易取得平衡。如果在拍摄时常用三分法进行构图，这种长宽比是最佳选择。例如，当画面存在地平线或水平线等横穿画面的线条，可以让这种线条和三等分线的上面或者下面那条横线重合，尽可能将让人印象深刻的部分大范围拍入。

摄影师采用了3：2长宽比并配合三分法构图，得到这张视觉效果强烈的海景照片（焦距 50mm 光圈 F16 快门速度 1/2s 感光度 ISO100）

拍出全景感的宽画幅——16：9

和 3：2相比，16：9压缩了天空和地面在画面中的比重，横向显得更狭长。因为人的视野在横向上更宽阔，因此这个长宽比有利于拍摄想展现出横向宽阔感的风光照片。另外，使用这种长宽比拍摄的照片特别适合于在高清宽屏电视或电脑上播放。

▲ 在拍摄这张图时，天空显然让人印象更深刻，因此在构图时尽可能裁切掉了看上去较为普通的沙滩，和3：2构图相比，两者之间的区别一目了然（焦距：16mm 光圈：F18 快门速度：1/5s 感光度：ISO100）

▲ 使用3：2拍摄时

最质朴的正方形构图——1：1

1：1让人想起中幅相机的6×6胶片，这是一种正方形的长宽比。比起司空见惯的横长竖短画面，1：1比例画面能给人以崭新的时尚感。因为画面呈现正方形，所以可以将拍摄主题或被摄主体放在画面正中，如果拍摄时不需要考虑横向宽阔感或纵向的透视感，或者不知横竖构图哪一种更合适时，不妨选择这种长宽比。

▲ 采用3：2的构图总觉得左右是多余的，画面不够协调

◀ 采用1：1构图，上下左右空间都很均衡，被摄主体看上去更有魅力了（焦距：100mm 光圈：F5 快门速度：1/320s 感光度：ISO100）

拍出更沉稳的画面——4∶3

当裁剪3∶2比例画面的左右部分后，即可得到4∶3比例的画面，这个比例的画面看上去更紧凑、精练一些。特别要指出的是，当拍摄与3∶2比例同等宽度的画面时，以4∶3比例拍摄出来的画面上下感觉更宽阔，因此更能制造出空间感。大多数小型数码相机都采用这一长宽比。

▲ 使用3∶2拍摄时

▲ 使用4∶3拍摄时，去掉了边上的树枝，使画面中的建筑更突出（焦距：120mm 光圈：F10 快门速度：1/400s 感光度：ISO200）

高手点拨

　　和相机设置中的长宽比无关，使用RAW拍摄的照片均以3∶2保存。指示相机内设置的长宽比信息会被添加进照片数据中，因此再用Digital Photo Professional（以下简称DPP）打开照片时，缩略图上会以白线显示出相机内设置的长宽比，在编辑窗口或编辑图像窗口中打开时也会以该比例显示。当想改变长宽比时，可以在菜单中点击"工具"→"启动剪裁/角度调节工具"显示调节画面。点击"清除"即可删除所有长宽比信息，恢复3∶2图像。

　　使用DPP还可以重新设置与拍摄时不同的长宽比。还能够选择在相机上不能设置的5∶4和4∶5等比率，如果要得到16∶9的长宽比，只需自定义输入即可。

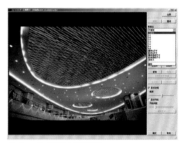

▲ 3∶2长宽比的画面

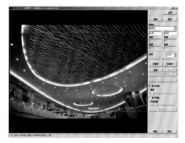

▲ 手动输入16∶9，即可裁切出16∶9长宽比的画面

存储用户常用自定义设置

灵活运用自定义拍摄模式

Canon EOS 7D Mark Ⅱ 提供了 3 个自定义拍摄模式，即 C1、C2、C3，摄影师可以使用自己常用的设置快速拍摄固定题材的照片。

在注册前，先在相机中设定要注册到某一个 C 模式中的拍摄参数，如拍摄模式、曝光组合、ISO 感光度、自动对焦模式、自动对焦区域选择模式、自动对焦点、测光模式、驱动模式、曝光补偿量、闪光补偿量等。然后，按右侧展示的设定步骤进行操作即可。

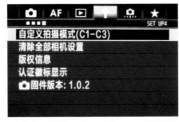

① 在**设置菜单 4** 中选择**自定义拍摄模式**（C1-C3）选项，然后按下 SET 按钮

② 转动速控转盘◯选择**注册设置**选项

③ 转动速控转盘◯选择要注册的自定义模式

④ 转动速控转盘◯选择**确认**选项并按下 SET 按钮即可

高手点拨

此功能对拍摄固定题材的用户非常有用。例如，可以将C1定义为人像自定义模式、C2定义为风光自定义模式、C3定义为静物自定义模式。

▲ 根据经常拍摄的不同类型的摄影题材，可以将拍摄参数存储为 C1、C2、C3，以快速调用、切换拍摄参数

清除自定义拍摄模式

如果要重新设置 C 模式注册的参数，可以先将其清除，其操作方法如下。

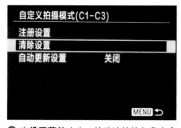

❶ 在**设置菜单** 4 中，转动速控转盘◎在**自定义拍摄模式**（C1-C3）中选择**清除设置**选项

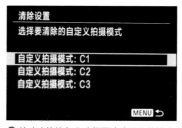

❷ 转动速控转盘◎选择要清除设置的模式

❸ 转动速控转盘◎选择**确定**选项并按下 SET 按钮即可清除所选模式的设置

清除全部相机设置

利用"清除全部相机设置"功能可以一次性清除所有设定的自定义功能，将它恢复到出厂时的状态，免去了逐一清除的麻烦。

❶ 在**设置菜单** 4 中，转动速控转盘◎选择**清除全部相机设置**选项

❷ 转动速控转盘◎选择**确定**选项，然后按下 SET 按钮确认即可

自动关闭电源节省电力

在实际拍摄中，为了节省电池的电力，可以在"自动关闭电源"菜单中选择自动关闭电源的时间。如果在指定时间内不操作相机，那么相机将会自动关闭电源，从而节省电池的电力。

❶ 在**设置菜单** 2 中选择**自动关闭电源**选项

❷ 转动速控转盘◎可以选择自动关闭电源的时间

■1分/2分/4分/8分/15分/30分：选择任一选项，相机将会在选择的时间关闭电源。

■关闭：选择此选项，即使在30分钟内不操作相机，相机也不会自动关闭电源。在液晶监视器被自动关闭后，按下任意按钮均可唤醒相机。

高手点拨

在实际拍摄中，可以将"自动关闭电源"设置为2~4分钟，这样既可以保证抓拍的即时性，又可以最大限度地节电。

设置照片存储文件夹选项

可以使用"记录功能+存储卡/文件夹选择"菜单指定或重新创建一个文件夹来保存拍摄的照片。

通常情况下，在文件夹被装满后，相机会默认创建另一个新的文件夹，因此这一功能并不常被人用到，除非在拍摄时希望对照片进行分类保存，此时就可以创建并选择新的文件夹。

■记录功能：选择"标准"选项，即可将照片和短片保存在由"记录/播放"选项指定的存储卡中；选择"自动切换存储卡"选项，其功能与选择"标准"选项时基本相同，但

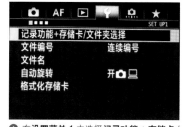

❶ 在**设置菜单1**中选择**记录功能 + 存储卡/文件夹选择**选项

❷ 转动速控转盘◎可选择不同的参数，以设置图像的保存方式及位置

当指定的存储卡已满时，会自动切换至另外一张存储卡进行保存；选择"分别记录"选项，可以在"拍摄菜单1"中为每张存储卡中保存的图像设置画质；选择"记录到多个媒体"选项，可将照片同时记录到两张存储卡中。

■记录/播放：选择存储卡1时，会将图像保存至CF卡，并从CF卡上回放照片；选择存储卡2时，会将图像保存至SD卡，并从SD卡上回放照片。

■文件夹：可以选择一个已有的文件夹或创建一个新的文件夹保存照片。

格式化存储卡清除空间

在使用新的储存卡或在电脑中格式化过的旧储存卡时，都应该使用"格式化存储卡"功能对其进行格式化，删除储存卡中的全部数据。

需要注意的是，一般在格式化储存卡时，卡中的所有图像和数据都将被删除，即使被保护的图像也不例外，因此需要在格式化之前将所要保留的图像文件转存到新的存储卡或电脑中。

❶ 在**设置菜单1**中选择**格式化存储卡**选项

❷ 转动速控转盘◎选择要格式化的存储卡

❸ 按删除按钮🗑可以选择是否要执行**低级格式化**操作，然后选择**确定**选项即可

高手点拨

对于新的存储卡或者被其他相机、计算机使用过的存储卡，在使用前建议进行一次格式化，以免发生记录格式错误。

镜头像差校正

使用广角镜头或大光圈镜头在光圈全开的情况下拍摄时，照片的四周会经常出现暗角。这是由于镜头的镜片结构是圆形的，而成像的图像感应器是矩形的，射进镜头的光线经过遮挡，在图像的四周就会形成暗角。

Canon EOS 7D Mark Ⅱ内置了30款佳能原厂镜头的暗角数据，安装上镜头以后，就可以自动识别并调用相应的数据。

进入"镜头像差校正"菜单，如果选择"启用"选项，相机会自动应用周边光量校正、色差校正及变形校正。但如果使用的是非佳能原厂的镜头，则建议关闭该功能。

❶ 在**拍摄菜单**1中选择**镜头像差校正**选项

❸ 转动速控转盘◎选择**启用**或**关闭**选项

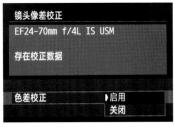

❹ 若在第❷步中选择**色差校正**选项，转动速控转盘◎选择**启用**或**关闭**选项

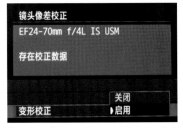

❺ 若在第❷步中选择**变形校正**选项，转动速控转盘◎选择**启用**或**关闭**选项

高手点拨

如果以JPEG格式保存照片，建议选择"启用"选项，通过校正改善暗角问题；如果以RAW格式保存照片，建议选择"关闭"选项，然后在其他专业照片处理软件中校正此问题。

❷ 转动速控转盘◎选择**周边光量校正**选项

▲ 关闭"镜头像差校正"功能，使用 EF 24-70mm F2.8 L USM 镜头，在广角端采用 F2.8 拍摄的照片，周围的暗角比较严重

▲ 开启"镜头像差校正"功能后，暗角问题得到明显改善（焦距：24mm　光圈：F16　快门速度：1/500s　感光度：ISO100）

设置日期/时间/区域

利用"日期/时间/区域"菜单可以对日期、时间和区域进行设置。

设置后，拍摄的照片中都会有日期和时间数据，所以一定要设置得准确。

❶ 在**设置菜单2**中选择**日期/时间/区域**选项

❷ 转动速控转盘◯选择需要更改的项目，按下 SET 按钮确认。再次转动速控转盘◯即可调整数字，设置完成后，再次按下 SET 按钮确认

▼ 如果在照片上标有日期的话，日后查看、整理照片就容易多了（焦距：142mm 光圈：F7.1 快门速度：1/160s 感光度：ISO400）

高手点拨

大多数摄友都习惯以时间＋标注的形式整理越来越多的数码照片，例如 "2014-11.10-北海打鸟"，在这种情况下正确设置相机的日期就显得很重要。

设置相机语言

Canon EOS 7D Mark Ⅱ提供了英语、简体中文、日语等 25 种语言供用户选择。

在"语言"菜单中可选择相机所使用的语言，选择后界面的语言会随之变化，对于外语不熟悉的用户，选择"简体中文"语言即可。

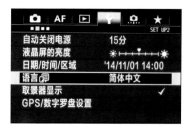

❶ 在**设置菜单2**中选择**语言**选项

❷ 转动速控转盘◯选择**简体中文**选项，按下 SET 按钮确认

了解相机电池信息

$\mathbf{C}$anon EOS 7D Mark II 支持的电池型号为 LP-E6，在"电池信息"菜单中可以方便地随时查看电池的工作状态，在使用手柄时，也可以分别显示两块电池的信息。

电池的充电性能用 3 个小方块表示，全绿表明电池的性能优良；两绿一红时说明电池的充电性能下降；当出现两红一绿的时候，表明电池的充电性能已经不稳定，这时就要更换新的电池了。

❶ 在**设置菜单** 3 中选择**电池信息**选项，按下 SET 按钮确认

当前剩余的电量 ◀

右侧电池的信息，包括电池的型号 ◀

从上次充电之后算起，按下快门的次数 ◀

三个绿格表示电池的状态良好；两个绿格则表示电池性能略有降低；两个红格则表示应该更换新电池了

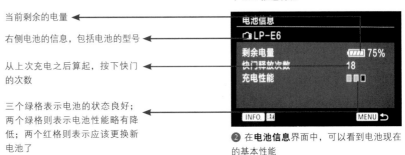

❷ 在**电池信息**界面中，可以看到电池现在的基本性能

▼ 在拍摄雪景或其他环境温度较低的题材时，要时刻关注电池的信息，以避免获得了极佳的拍摄机会却无电池可用的情况出现（焦距：26mm 光圈：F8 快门速度：1/500s 感光度：ISO100）

焦距：100mm 光圈：F5.6 快门速度：1/160s 感光度：ISO200

Chapter

03

掌握回放与浏览影像设定

认识播放状态参数

在 照片处于播放状态时，屏幕上的完整信息显示如右图所示，通过这些信息可以较全面地了解所拍摄的照片。

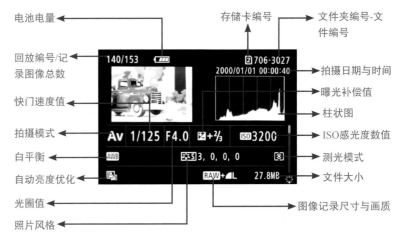

电池电量

存储卡编号

文件夹编号-文件编号

回放编号/记录图像总数

拍摄日期与时间

曝光补偿值

快门速度值

柱状图

拍摄模式

ISO感光度数值

白平衡

测光模式

自动亮度优化

文件大小

光圈值

图像记录尺寸与画质

照片风格

掌握回放照片的基本操作

在回放照片时，我们可以进行放大、缩小、显示信息、前翻、后翻以及删除照片等多种操作，下面通过图示来说明回放照片的基本操作方法。

按下Q按钮，逆时针旋转主拨盘时，可缩小照片直至显示为小的缩略图

连续按下INFO.按钮，可以循环显示拍摄信息

按下▶按钮，可开始浏览照片

按下🗑按钮，可删除当前浏览的照片

按下Q按钮，顺时针旋转主拨盘时，可以放大照片

上、下、左、右按动多功能控制钮❖，可查看放大的照片局部

速控转盘○用于选择图像

Q 出现"无法回放图像"消息怎么办?

A 在相机中回放图像时，如果出现"无法回放图像"消息，可能有以下几方面原因。

- 存储卡中的图像已导入计算机并进行了编辑处理，然后又写回了存储卡。
- 正在尝试回放非佳能相机拍摄的图像。
- 存储卡出现故障。

回放照片时使用速控屏幕进行操作

在照片回放状态下，如果按下Q按钮，即可调用此状态下的速控屏幕，此时通过选择速控屏幕中的不同图标，可以进行保护图像、旋转图像等若干操作。下图中标出了不同图标的具体含义。

Oₙ：保护图像

回：旋转图像

★：评分

⊡：调整尺寸
（仅限JPEG图像）

⊕：高光警告

⊞：显示自动对焦点

⤹10：用⬬进行图像跳转

RAW/JPEG：RAW图像处理
（仅限RAW图像）

下面具体讲解选择不同图标时，可以选择的选项及其功能。

❶ 在图像回放状态下，按下Q按钮可显示速控屏幕

❷ 向上下按动多功能控制钮✲可以选择不同的图标，转动速控拨盘◯可以选择不同的选项。对于RAW **图像处理**和**调整尺寸**选项，需要按下SET后进入详细设置

❸ 选中**保护图像**图标⊡后，选择**启用**选项可以使当前显示的照片进入保护状态，以防止误删除

❹ 如果在第❷步中选择**旋转图像**图标回，可以在相机内旋转照片

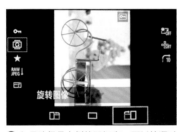

❺ 如果选择最右侧的图标⊞，可以按顺时针方向旋转照片

❻ 如果选择最左侧的图标⊞，可以按逆时针方向旋转照片

❼ 如果在第❷步中选择**评分**图标★，可选择一到五颗星中的一个评分选项

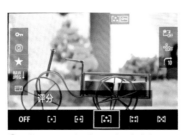

❽ 选择三颗星图标时，照片上方会出现[∴]

❾ 选择五颗星图标时，照片上方会出现[∷]

⑩ 如果在第❷步中选择 RAW **图像处理**图标**RAW↓ JPEG↓**，可以对 RAW 照片进行处理

⑪ 选择 **↓**图标，则不改变 RAW 照片的拍摄设置，按下 SET 按钮直接另存为 JPEG 格式照片

⑫ 选择 **↓**图标，按下 SET 按钮可进入自定义 RAW 详细处理界面

⑬ 在此界面中，可以改变 RAW 照片的亮度、白平衡、照片风格、图像画质等设置

⑭ 修改完成后选择 **↱**图标，将照片另存为 JPEG 格式照片

⑮ 如果在第❷步中选择**调整尺寸**图标**▢**，可选择不同的图标以对照片尺寸进行改变

⑯ 选择 M 尺寸图标，照片尺寸会被调整为 3648×2432

⑰ 选择 S3 尺寸图标，照片尺寸会被调整为 720×480

⑱ 如果在第❷步中选择**高光警告**图标**↓**，则照片中可能过曝的高光区域均显示为黑色块

⑲ 选择**启用**选项后，照片中出现大面积的黑色块，表明这些区域属于过曝区域

⑳ 如果在第❷步中选择**显示自动对焦点**图标**↓**，当选择**启用**选项后，照片中会显示一个红色的小方框，该位置即是拍摄时的合焦位置

㉑ 如果在第❷步中选择**用 进行图像跳转**图标**↓**，可选择图像跳转的方法，在此可以选择 9 种不同的跳转方式

㉒ 选择 **⌐**则每次跳转 1 张照片

㉓ 选择 **▣**可以按文件夹进行跳转

设置图像确认时间控制拍摄后预览时长

为了方便拍摄后立即查看拍摄结果，可以在"图像确认"菜单中设置拍摄后在液晶监视器上显示图像的时间长度。

- 关：选择此选项，拍摄完成后相机不自动显示图像。
- 持续显示：选择此选项，相机会在拍摄完成后保持图像的显示，直到自动关闭电源为止。
- 2秒/4秒/8秒：选择不同的选项，可以控制相机显示图像的时长。

❶ 在**拍摄菜单** 1 中选择**图像确认**选项

❷ 转动速控转盘◯选择显示图像的时间

高手点拨

如果是为了省电或省时间，建议选择"关"选项；否则可以选择"2秒"，因为这一时长已经足够对照片的品质作出判断了。

保护照片防止误删除

使用"保护图像"功能可以防止照片被误删。被选中保护的图像会在左上角出现一个 ⊶ 标记，表示该图像已被保护，无法使用相机的删除功能将其删除。

❶ 在**回放菜单** 1 中选择**保护图像**选项

❷ 转动速控转盘◯选择所需选项，此处以**选择图像**选项为例

❸ 转动速控转盘◯选择要保护的照片

❹ 按下 SET 按钮即可保护所选照片。如果要取消保护，再次按下 SET 按钮即可

实拍操作：除了使用菜单操作外，也可以在照片处于播放状态时，按下 Q 按钮，在速控屏幕中选择 ⊶ 图标，转动速控转盘◯选择启用，即可将该照片保护起来。

高手点拨

如果对储存卡进行格式化，那么即使图像被保护，也会被删除。

旋转照片以利于查看

利用"旋转图像"功能可以将显示的图像旋转到所需要的方向。

❶ 在**回放菜单** 1 中选择**旋转图像**选项

❷ 转动速控转盘◯选择要旋转的照片

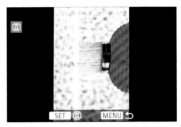

❸ 连续按下 SET 按钮，照片将按顺时针方向顺序旋转至 90°、270°、0°。

设置照片自动旋转

当使用相机竖拍时，可以使用"自动旋转"功能将显示的图像旋转到所需要的方向。

■ 开📷🖥（在液晶监视器和电脑屏幕上旋转）：选择此选项，在回放照片时，竖拍图像会在液晶监视器和电脑上自动旋转。

■ 开🖥（仅在电脑屏幕上旋转）：选择此选项，竖拍图像仅在电脑上自动旋转。

■ 关：选择此选项，照片不会自动旋转。

❶ 在**设置菜单** 1 中选择**自动旋转**选项

❷ 转动速控转盘◯选择其中一个选项，然后按下 SET 按钮确认即可

高手点拨

建议选择"开📷🖥"，以便在回放时方便观察构图情况。

▲ 竖拍时的状态

▲ 选择第一个选项后，浏览照片时竖拍照片自动旋转至竖直方向

▲ 选择第 2、3 个选项时，浏览照片时竖拍照片仍然保持拍摄时的方向

清除无用照片

在删除图像时，既可以使用相机的删除按钮 🗑 逐个选择删除，也可以通过相机内部的"删除图像"菜单进行批量删除。

- ■选择并删除图像：选择此选项，可以选中单张或多张照片进行删除。
- ■文件夹中全部图像：选择此选项，可以删除某个文件夹中的全部图像。
- ■存储卡中全部图像：选择此选项，可以删除当前存储卡中的全部图像。

❶ 在**回放菜单 1** 中选择**删除图像**选项

❷ 转动速控转盘 ◯ 选择删除图像的方式，此处以**选择并删除图像**为例

❸ 转动速控转盘 ◯ 选择要删除的图像，然后按下 SET 按钮，此时图像上方出现 ✓ 标识，采用此方法可以选中多张照片，然后按下 🗑 按钮

❹ 转动速控转盘 ◯ 选择**确定**选项，然后按下 SET 按钮即可删除这些选定的图像

使用主拨盘进行图像跳转

通常情况下，可以使用速控转盘或多功能控制钮来跳转照片，但只支持每次一个文件（照片、视频等）的跳转。如果想按照其他方式进行跳转，则可以使用主拨盘并进行相关功能的设置，如每次跳转 10 张或 100 张照片，或者按照日期、文件夹来显示图像。

高手点拨

除了使用本节讲解的菜单进行操作外，还可以使用前面讲解的速控屏幕中的相关图标进行操作。

❶ 在**回放菜单 2** 中选择**用 ▱ 进行图像跳转**选项

❷ 使用速控转盘 ◯ 指定转动主拨盘 ▱ 时的图像跳转方式

- ■ ⌒₁：选择此选项并转动主拨盘 ▱，将逐个显示图像。
- ■ ⌒₁₀：选择此选项并转动主拨盘 ▱，将跳转 10 张图像。
- ■ ⌒₁₀₀：选择此选项并转动主拨盘 ▱，将跳转 100 张图像。
- ■ ⌒：选择此选项并转动主拨盘 ▱，将按日期显示图像。
- ■ ⌒：选择此选项并转动主拨盘 ▱，将按文件夹显示图像。
- ■ ⌒：选择此选项并转动主拨盘 ▱，将只显示短片。
- ■ ⌒：选择此选项并转动主拨盘 ▱，将只显示静止图像。
- ■ ⌒：选择此选项并转动主拨盘 ▱，将只显示受保护的图像
- ■ ⌒★：选择此选项并转动主拨盘 ▱，将按图像评分显示图像。

利用高光警告功能避免过曝

什么情况下拍摄可能过曝

在环境光比过大、曝光时间过长、测光不准确、光线过亮、逆光拍摄、拍摄时使用过大的光圈等情况下，都很容易出现曝光过度的现象。为了避免拍出过曝的照片，应该使用 Canon EOS 7D Mark II 提供的"高光警告"功能。

设置"高光警告"功能

如前所述，在拍摄时启用"高光警告"功能可以帮助用户发现照片中曝光过度的区域。

- 关闭：选择该选项，将关闭"高光警告"功能。
- 启用：选择该选项，将开启"高光警告"功能。

高手点拨

开启此功能后，曝光过度的高光区域将会闪烁，此时可以根据需要适当减少曝光补偿。但如果拍摄的是高调照片，不建议使用此功能。

❶ 在**回放菜单**3中选择**高光警告**选项

❷ 转动速控转盘○选择**启用**或**关闭**选项

▶ 开启"高光警告"功能后，照片的高光区显示黑色块的效果

按幻灯片形式播放照片

在浏览照片时，利用"幻灯片播放"功能可以将储存卡中的图像以幻灯片的形式自动播放。

❶ 在**回放菜单**2中选择**幻灯片播放**选项

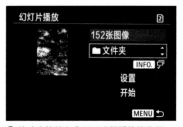

❷ 转动速控转盘○可以选择播放的范围

❸ 选择**设置**选项并按下 SET 按钮后，可以设置幻灯片播放的时间间隔以及是否重播等

❹ 转动速控转盘○并选择**开始**选项，然后按下 SET 按钮即可开始播放

显示自动对焦点

启用"显示自动对焦点"功能，可以在浏览照片时将拍摄此照片所使用的对焦点以红色显示，这时如果发现焦点不准确可以重新拍摄。

- 关闭：选择此选项，将不会在回放照片时显示对焦点。
- 启用：选择此选项，对焦点将会在显示屏上以红色显示出来。

❶ 在**回放菜单** 3 中选择**显示自动对焦点**选项

❷ 转动速控转盘○选择是否在回放照片时显示对焦点

高手点拨

建议将此功能设置为"启用"，合焦时相机的自动对焦点将以红色显示，这对于摄影师尤其是初学者确认是否正确合焦有很大帮助。

▶ 利用"显示自动对焦点"功能可以辅助摄影师查看照片是否正确合焦（焦距：100mm 光圈：F8 快门速度：1/160s 感光度：ISO100）

设置回放照片时的放大比例

如果希望在回放照片时能够放大观察照片，可以按下放大 / 缩小按钮 Q，每次按下此按钮，相机可以在液晶监视器上将拍摄的图像放大约 2 倍至 10 倍。顺时针转动主拨盘 时图像放大倍率增加，逆时针转动主拨盘 时图像放大倍率减小，进一步转动拨盘会显示索引显示。

通过"放大倍率（约）"菜单，可以设定回放照片时的放大倍率和放大显示的初始位置。

- 1倍（不放大）：选择此选项，将不对照片进行放大，此时将从单张图像开始显示。
- 2/4/8/10倍（从中央放大）：选择此选项，按放大/缩小按钮时将分别从中央位置进行2/4/8/10倍放大显示。
- 实际大小（从选定点）：选择此选项，按放大/缩小按钮将从选定的位置放大至100%进行显示。
- 与上次放大倍率相同（从中央）：选择此选项，相机将自动记录上一次使用的放大倍率，并从中央位置对照片进行缩放显示。

❶ 在**回放菜单** 3 中选择放大倍率（约）选项

❷ 转动速控转盘○可选择不同的放大倍率

同时显示多张照片

在拍摄了大量照片后，如果希望快速查找到某一张特定的照片，可以利用同时显示多张照片的方法使液晶监视器中显示4张或9张照片，并从中选择出需要的照片，下面是具体操作方法。

❶ 在照片播放状态下，按下🔍按钮

❷ 此时液晶监视器的右下方将显示🔍🔍图标

❸ 逆时针转动主拨盘🔍

❹ 液晶监视器将由显示一张照片，改变为同时显示4张照片

❺ 如果再次逆时针转动主拨盘🔍，液晶监视器将由显示4张照片，改变为同时显示9张照片

❻ 转动速控转盘○可以移动橙色框以选择不同的照片；按下🔍按钮可以隐藏🔍🔍图标，此时转动主拨盘🔍可以切换下一屏或上一屏所显示的照片

❼ 在4张或9张照片同时显示的状态中，按下SET按钮，可以将选定的图像以单张图像的形式显示在液晶监视器中

▶ 利用索引显示，可以快速查找到所需要的照片（焦距：50mm 光圈：F3.2 快门速度：1/400s 感光度：ISO100）

Chapter **04**

掌握白平衡与色彩空间设定

焦距：35mm 光圈：F13 快门速度：60s 感光度：ISO200

正确选择白平衡

了解白平衡的重要性

无论是在室外的阳光下，还是在室内的白炽灯光下，人的固有观念仍会将白色的物体视为白色，将红色的物体视为红色。我们有这种感觉是因为人的眼睛能够修正光源变化造成的色偏。实际上，当光源改变时，这些光的颜色也会发生变化，相机会精确地将这些变化记录在照片中，这样的照片在纠正之前看上去是偏色的，但其实这才是物体在当前环境下的真实色彩。

数码相机提供的白平衡功能，可以纠正不同光源下的色偏，就像人眼的功能一样，使偏色的照片得以纠正。

Canon EOS 7D Mark II 提供了预设白平衡、手调色温及自定义白平衡 3 类白平衡功能，以满足不同的拍摄需求。

实拍操作：按下 WB·⊡ 按钮，转动速控转盘 ○ 可以选择不同的白平衡模式 ▣

▼ 由于使用了正确的白平衡，因此画面中白雪与蓝天的颜色都得到了准确的还原（焦距：16mm　光圈：F8　快门速度：1/250s　感光度：ISO100）

正确选择内置白平衡

C anon EOS 7D Mark Ⅱ内置了7种白平衡模式,可以满足大多数日常拍摄的需求,下面分别加以介绍。

■ 自动白平衡:Canon EOS 7D Mark Ⅱ的自动白平衡具有非常高的准确率,在大多数情况下,都能够获得准确的色彩还原。

■ 日光白平衡:日光白平衡的色温值为5200K,适用于空气较为通透或天空有少量薄云的晴天。但如果是在正午时分,环境的色温已经达到5800K,又或者是日出前、日落后,色温仅有3000K左右,此时使用日光白平衡很难得到正确的色彩还原。

■ 阴影白平衡:阴影白平衡的色温值为7000K,在晴天的阴影中拍摄时,如建筑物或大树下的阴影,由于其色温较高,使用阴影白平衡模式可以获得较好的色彩还原。反之,如果不使用阴影白平衡,则会产生不同程度的蓝色,即所谓的"阴影蓝"。

■ 阴天白平衡:阴天白平衡的色温值为6000K,适用于云层较厚的天气,或在阴天环境中使用。

■ 钨丝灯白平衡:又称为白炽灯白平衡,其色温为3200K。在很多室内环境拍摄时,如宴会、婚礼、舞台等,由于色温较低,因此采用钨丝灯白平衡,可以得到较好的色彩还原。若此时使用自动白平衡,则很容易出现偏色(黄)的问题。

■ 荧光灯白平衡:荧光灯白平衡的色温值为4000K,在以白色荧光灯作为主光源的环境中拍摄时,能够得到较好的色彩还原。但如果是其他颜色的荧光灯,如冷白或暖黄等,使用此白平衡模式得到的结果会有不同程度的偏色,因此还是应该根据实际拍摄环境来选择白平衡模式。建议拍摄一张照片作为测试,以判断色彩还原是否准确。

■ 闪光灯白平衡:闪光灯白平衡的色温值为6000K。顾名思义,此白平衡在以闪光灯作为主光源时,能够获得较好的色彩还原。但要注意的是,不同的闪光灯,其色温值也不尽相同,因此还要通过实拍测试,才能确定色彩还原是否准确。

在拍摄日落风景照时,使用阴影白平衡可以使画面中的暖色更加浓郁(焦距;105mm 光圈:F7.1 快门速度:1/80s 感光度:ISO400)

调整色温

通过前面的讲解我们了解到，无论是预设白平衡，还是自定义白平衡，其本质都是对色温的控制，Canon EOS 7D Mark Ⅱ 支持的色温范围为 2500K~10000K，并可以以 100K 为增量进行调整。而预设白平衡的色温范围约为 3000K~7000K，只能满足日常拍摄的需求。

因此，在对色温有更高、更细致控制要求的情况下，如使用室内灯光拍摄时，很多光源（影室灯、闪光灯等）都是有固定色温的，通常在其产品规格中就会明确标出其发光的色温值，在拍摄时可以直接通过手调色温的方式设置一个特定的色温。

如果在无法确定色温的环境中拍摄，我们可以先拍摄几张样片进行测试和校正，以便找到此环境准确的色温值。

❶ 在**拍摄菜单 2** 中选择**白平衡**选项

❷ 转动速控转盘◯选择 Ｋ，转动主拨盘﹏设置色温，然后按下 SET 按钮确认即可

常见光源或环境色温一览表			
蜡烛及火光	1900K以下	晴天中午的太阳	5400K
朝阳及夕阳	2000K	普通日光灯	4500~6000K
家用钨丝灯	2900K	阴天	6000K以上
日出后一小时阳光	3500K	HMI灯	5600K
摄影用钨丝灯	3200K	晴天时的阴影下	6000~7000K
早晨及午后阳光	4300K	水银灯	5800K
摄影用石英灯	3200K	雪地	7000~8500K
平常白昼	5000~6000K	电视屏幕	5500~8000K
220 V 日光灯	3500~4000K	无云的蓝天	10000K以上

▲ 根据拍摄环境不同，通过手动调整色温的方式获得更符合摄影师风格或模特气质的照片色调

实拍应用：在日出前利用阴天白平衡拍出暖色调画面

日出前色温都比较高，画面呈冷调效果，这是使用自动白平衡拍摄得到的效果。此时，如果使用阴天白平衡模式，可以让画面呈现完全相反的暖色调效果，而且整体的色彩看起来也更加浓郁。

▲ 使用自动白平衡模式拍摄，画面呈现冷色调

▲ 将白平衡设置为阴天模式，画面呈现暖色调

实拍应用：调整色温拍出蓝调雪景

在拍摄蓝调雪景时，画面的最佳背景色莫过于蓝色，因为蓝色与白色的明暗反差较大，因此当蓝色映衬着白色时，白色会显得更白，这也是为什么许多城市的路牌都使用蓝底、白字的原因。

要拍出蓝调的雪景，拍摄时间应选择日出前或下午时分。日出前的光线仍然偏冷，因此可以拍摄出蓝调的白雪；下午时分的光线相对透明，此时可以通过将色温设置为较低的数值，来获得色调偏冷的蓝调雪景。

▲ 为了使画面呈现强烈的蓝调效果，应将色温设置成为较低的数值（焦距：35mm 光圈：F5.6 快门速度：1/100s 感光度：ISO100）

实拍应用：拍摄蓝紫色调的夕阳

在夕阳时分拍摄时，由于光线的色温较低，因此拍摄出来的画面呈暖色调效果，此时如果将白平衡模式设置为荧光灯模式，则可以拍摄出蓝紫色调的画面效果，使落日看上去更绚丽。

▲ 使用低色温值的荧光灯白平衡拍出蓝紫色调的夕阳照片，给人一种梦幻、唯美的感觉（焦距：17mm 光圈：F9 快门速度：1/1000s 感光度：ISO100）

实拍应用：选择恰当的白平衡获得强烈的暖调效果

夕阳时分的色温较低，光线呈现明显的暖调效果，此时如果使用色温较高的阴天白平衡（色温值为6000K），可强化这种暖调效果，让画面变得更暖。例如，常见的金色夕阳效果，通常就是使用这种白平衡模式拍摄得到的。

如果还想得到更暖的色调，则可以使用阴影白平衡（色温值为7000K），或使用手调色温的方式提高色温值，从而得到色彩更加浓烈的暖调画面效果。

▲ 日落时分色温较低，通过手调色温至8500K，获得强烈的暖调画面效果（焦距：200mm 光圈：F5.6 快门速度：1/2000s 感光度：ISO100）

高手点拨

如果使用2500K或10000K这种极端的色温值拍摄，画面中的色彩可能会淤积在一起，从而导致细节的丢失。实拍结果表明，使用这种极端的色温值拍摄出的画面，其色彩的还原效果并不好，因此在拍摄时，我们应该根据实际情况来选择恰当的色温或白平衡模式。

实拍应用：在傍晚利用钨丝灯白平衡拍出冷暖对比强烈的画面

在日落后的傍晚拍摄街景时，由于色温较高，因此画面呈现出强烈的冷色调效果，此时使用低色温值的钨丝灯白平衡可以在不过分减弱画面冷色调的情况下，强化街上的暖调灯光，从而形成鲜明的冷暖对比，既能够突出清冷的夜色，同时也能利用对比突出街道或城市的繁华。

▲ 左图为使用自动白平衡拍摄的效果，右图是使用高色温值的阴天白平衡拍摄的冷调照片，强烈的冷暖对比使画面更有视觉冲击力（焦距：35mm 光圈：F13 快门速度：30s 感光度：ISO400）

实拍应用：利用低色温表现蓝调夜景

要拍出蓝调夜空，应选择太阳刚刚落入地平线的时候拍摄，这时天空的色彩饱和度较高，光线能勾勒出建筑物的轮廓，比起深夜来，这段时间的天空丰富多彩。拍摄时需要把握时间，并提前做好拍摄准备。如果错过了最佳拍摄时间，可以利用手调色温的方式，通过将色温设置为一个较低数值，如2900K，从而人为地在画面中添加蓝色的影调，使画面成为纯粹的蓝调夜景。

▲ 将白平衡设置为白炽灯模式，可以使蓝调效果更加明显（焦距：19mm 光圈：F22 快门速度：267s 感光度：ISO800）

自定义白平衡

自定义白平衡模式是各种白平衡模式中最精准的一种，是指在现场光照条件下拍摄纯白的物体，并通过设置使相机以此白色物体来定义白色，从而使其他颜色都据此发生偏移，最终实现精准的色彩还原。

例如在室内使用恒亮光源拍摄人像或静物时，由于光源本身都会带有一定的色温倾向，因此，为了保证拍出的照片能够准确地还原色彩，此时就可以通过自定义白平衡的方法进行拍摄。

在 Canon EOS 7D Mark II 中自定义白平衡的操作步骤如下。

❶ 在镜头上将对焦方式切换至MF（手动对焦）方式。

❷ 找到一个白色物体，然后半按快门对白色物体进行测光（此时无需顾虑是否对焦的问题），且要保证白色物体应充满取景器中央的虚线方框，然后按下快门拍摄一张照片。

❸ 在"拍摄菜单2"中选择"自定义白平衡"选项。

❹ 此时将要求选择一幅图像作为自定义的依据，选择第❷步拍摄的照片并确定即可。

❺ 要使用自定义的白平衡，可以按下机身上的WB按钮，然后在液晶显示屏中选择 ▶◢（用户自定义）选项即可。

高手点拨

在实际拍摄时灵活运用自定义白平衡功能，可以使拍摄效果更自然，这要比使用滤色镜获得的效果更自然，操作也更方便。但值得注意的是，当曝光不足或曝光过度时，使用自定义白平衡可能无法获得正确的白平衡。在实际拍摄时可以使用18%灰度卡（市面有售）取代白色物体，这样可以更精确地设置白平衡。

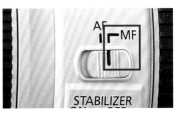

❶ 切换至手动对焦方式

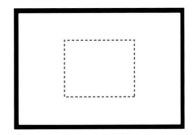

❷ 对白色对象进行测光并拍摄

❸ 选择**自定义白平衡**选项

❹ 选择一幅图像作为自定义的依据并选择**确定**选项确认

❺ 若要使用自定义的白平衡，选择**用户自定义**选项即可

◀ 在室内拍摄人像时，由于光线比较复杂，可以采用自定义白平衡的方式获得准确的色彩还原（焦距：85mm 光圈：F2.8 快门速度：1/250s 感光度：ISO100）

白平衡偏移/包围

利用"白平衡偏移 / 包围"菜单可以对所设置的白平衡进行微调校正。

设置白平衡偏移

通过设置白平衡偏移功能可以校正场景中固定的偏色，或某些镜头本身的偏色问题，甚至可以根据需要，故意将其设置为偏色，从而获得特殊的色彩效果。

在右侧第❷步的界面图中，B 代表蓝色、A 代表琥珀色、M 代表洋红色、G 代表绿色，每种色彩都有 1 ~ 9 级矫正。

设置白平衡包围

"白平衡包围"是一种类似于"自动包围曝光"的功能，通过设置相关参数，只需要按下一次快门即可拍摄 3 张不同色彩倾向的照片。使用此功能，可以实现多拍优选的目的。

设置白平衡包围后，在实际拍摄时，将按照标准、蓝色（B）、琥珀色（A）或标准、洋红（M）、绿色（G）的顺序拍摄出 3 张不同色彩倾向的照片。

❶ 在**拍摄菜单** 2 中选择**白平衡偏移 / 包围**选项

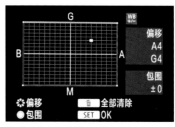

❷ 使用多功能控制钮 ✧ 将 ■ 标记移至所需位置，在屏幕的右上方，偏移表示白平衡偏移的方向和矫正量，按下 ⽫ 按钮取消所有白平衡偏移 / 包围设置，按下 SET 按钮可退出设置并返回上一级菜单

❶ 在**拍摄菜单** 2 中选择**白平衡偏移 / 包围**选项

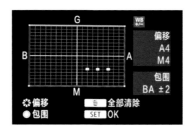

❷ 转动速控转盘 ○，屏幕上的 ■ 标记将变为 ■ ■ ■（3 点）。向右转动速控转盘 ○ 可设置蓝色 / 琥珀色包围曝光，向左转动可设置洋红色 / 绿色包围曝光，在屏幕的右侧，包围表示包围曝光方向和包围曝光量。按下 ⽫ 按钮将取消所有白平衡偏移/包围设置，按下 SET 按钮将退出设置界面并返回上一级菜单

为不同用途的照片选择色彩空间

在数码相机中，色彩空间是指某种色彩模式所能表达的颜色数量的范围，即数码相机感光元件所能表现的颜色数量的集合，绝大多数相机都提供了 Adobe RGB 与 sRGB 两种色彩空间。

为用于纸媒介的照片选择色彩空间

如果照片用于书籍或杂志印刷，最好选择 Adobe RGB 色彩空间，因为它是 Adobe 专门为印刷开发的，因此允许的色彩范围更大，包含了很多在显示器上无法显示的颜色，如绿色区域中的一些颜色，这些颜色会使印刷品呈现更细腻的色彩过渡效果。

为用于电子媒介的照片选择色彩空间

sRGB 是微软联合 HP、三菱、爱普生等厂商联合开发的通用色彩标准，因为 sRGB 拥有的色彩空间较小，因此在开发时就将其明确定位于网页浏览、电脑屏幕显示等用途。而 Adobe RGB 较之 sRGB 有更宽广的色彩空间，包含了 sRGB 所没有的 CMYK 色域。因此，如果希望在最终的摄影作品中精细调整色彩饱和度，应该选择 Adobe RGB 色彩空间；而如果照片用于数码彩扩、屏幕投影展示、电脑显示屏展示等用途，应选择 sRGB 色彩空间。

若将采用 Adobe RGB 色彩空间拍摄的照片更改为 sRGB 模式，照片的色彩就会有所损失；若将采用 sRGB 色彩空间拍摄的照片转换为 Adobe RGB 模式，由于 sRGB 本身色彩空间较窄，因此照片的色彩实际上并没有什么变化。

❶ 在**拍摄菜单 2** 中选择**色彩空间**选项

❷ 转动速控转盘◯可选择不同的选项

◀ 因为这张图片要用于印刷，所以使用 Adobe RGB 的色彩模式拍摄，图片色域宽广，细节丰富（焦距：20mm　光圈：F20 快门速度：3s 感光度：ISO100）

Chapter 05

掌握测光与曝光模式设定

焦距：20mm 光圈：F13 快门速度：1/125s 感光度：ISO200

正确选择测光模式准确测光

要想准确曝光，前提是必须做到准确测光，根据数码单反相机内置测光表提供的曝光数值拍摄，一般都可以获得准确的曝光。但有时也不尽然，例如，在环境光线较为复杂的情况下，数码相机的测光系统不一定能够准确识别，此时仍采用数码相机提供的曝光组合拍摄的话，就会出现曝光失误。在这种情况下，我们应该根据要表达的主题、渲染的气氛进行适当的调整，即按照"拍摄→检查→设置→重新拍摄"的流程进行不断的尝试，直至拍摄出满意的照片为止。

实拍操作：按下WB·⊙按钮，然后转动主拨盘，即可在4种测光模式之间进行切换

由于不同拍摄环境下的光照条件不同，不同拍摄对象要求准确曝光的位置也不同，因此 Canon EOS 7D Mark Ⅱ 提供了 4 种测光模式，分别适用于不同的拍摄环境。

18%测光原理

要正确选择测光模式，必须先了解数码相机测光的原理——18% 中性灰测光原理。数码单反相机的测光数值是由场景中物体的平均反光率确定的，除了反光率比较高的场景（如雪景、云景）及反光率比较低的场景（如煤矿、夜景）外，其他大部分场景的平均反光率为 18% 左右，而这一数值正是中性灰色的反光率。

因此，当拍摄场景的反光率平均值恰好是18%，则可以得到光影丰富、明暗正确的照片；反之则需要人为地调整曝光补偿来补偿相机的测光失误。通常在拍摄较暗的场景（如日落）及较亮的场景（如雪景）时会出现这种情况。如果要验证这一点，可以采取下面所讲述的方法。

对着一张白纸测光，然后按相机自动测光所给出的光圈与快门速度组合直接拍摄，会发现得到的照片中白纸看上去更像是灰纸，这是由于照片欠曝。因此，拍摄反光率大于 18% 的场景，如雪景、雾景、云景或有较大面积白色物体的场景时，则需要增加曝光量，即做正向曝光补偿。而对着一张黑纸测光，然后按相机自动测光所给出的光圈与快门速度组合直接拍摄，会发现得到的照片中黑纸好像是一张灰纸，这是由于照片过曝。因此，如果拍摄场景的反光率低于18%，则需要减少曝光量，即做负向曝光补偿。

了解 18% 中性灰测光原理有助于摄影师在拍摄时更灵活地测光，通常水泥墙壁、灰色的水泥地面、人的手背等物体的反光率都接近 18%，因此在拍摄光线复杂的场景时，可以在环境中寻找反光率在 18% 左右的物体进行测光，这样可以保证拍出照片的曝光基本上是正确的。

评价测光模式

评 价测光是最常用的测光模式，在采用场景智能自动曝光模式拍摄时，相机默认采用评价测光模式。在该模式下，相机会将画面分为 252 个区进行平均测光，此模式最适合拍摄日常及风光题材的照片。

值得一提的是，该测光模式在手选单个对焦点的情况下，对焦点可以与测光点联动，即对焦点所在的位置为测光的位置，在拍摄时善加利用这一点，可以为我们带来更大的便利。

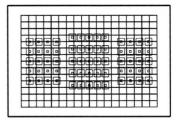

▲ 评价测光模式示意图

实拍应用：使用评价测光拍摄大场面的风景

从拍摄题材来看，如果拍摄的是大场景风光照片，应该首选评价测光模式，因为大场景风光照片通常需要考虑整体的光照，这恰好是评价测光的特色。

当然，对于雪、雾、云、夜景等反光率较高的场景，还需要配合使用曝光补偿技巧。

▲ 在光比不大且光照均匀的环境中，使用评价测光模式拍摄风光照片，可获得层次丰富的画面效果（焦距：17mm　光圈：F9　快门速度：1/4s　感光度：ISO100）

中央重点平均测光模式

在中央重点平均测光模式下，测光会偏向取景器的中央部位，但也会同时兼顾其他部分的亮度。根据佳能公司提供的测光模式示意图，越靠近取景器中心位置，灰色越深，表示这样的区域在测光时所占的权重越大；而越靠边缘的图像，在测光时所占的权重就越小。

▲ 中央重点平均测光模式示意图

▼ 当主体处于画面中央时，使用中央重点平均测光模式有利于得到曝光准确的画面（焦距：55mm 光圈：F2.8 快门速度：1/320s 感光度：ISO160）

实拍应用：使用中央重点平均测光模式拍摄人像

由于拍摄人像时通常将人物的面部或上身安排在画面的中间位置，因此人像摄影可以优先考虑使用中央重点平均测光模式。如果人物的面部或上身不在画面的中间位置，可以考虑采用后面讲解的点测光模式。

▶ 在构图时将模特置于画面中心，采用中央重点平均测光模式针对人物面部进行测光，可以重点表现主体模特，使其曝光更准确（焦距：85mm 光圈：F2.8 快门速度：1/640s 感光度：ISO200）

局部测光模式

局部测光模式是佳能相机独有的测光模式，在该测光模式下，相机将只测量取景器中央大约 6% 的范围。在逆光或局部光照下，如果画面背景与主体明暗反差较大时（光比较大），使用这一测光模式拍摄能够获得很好的曝光效果。

从测光数据来看，局部测光可以认为是中央重点平均测光与点测光之间的一种测光形式，测光面积也在两者之间。

以逆光拍摄人像为例，如果使用点测光对准人物面部的明亮处测光，则拍摄出来的照片中人物面部的较暗处就会明显欠曝；反之使用点测光对准人物面部的暗处测光，拍摄出来的照片中人物面部的较亮处就会明显过曝。

如果使用中央重点平均测光模式进行测光，由于其测光的面积较大，而背景又比较亮，拍摄出来的照片中人物的面部就会欠曝。而使用局部测光对准人像面部任意一处测光，就能够得到很好的曝光效果。

▲ 局部测光模式示意图

◀ 由于模特与环境的明暗反差较大，因此使用局部测光模式可以获得准确的曝光（焦距：200mm　光圈：F2　快门速度：1/800s 感光度：ISO400）

点测光模式

点 测光是一种高级测光模式，相机只对画面中央区域的很小部分（也就是光学取景器中央对焦点周围约1.8%的小区域）进行测光，具有相当高的准确性。

由于点测光是依据很小的测光点来计算曝光量的，因此测光点位置的选择将会在很大程度上影响画面的曝光效果，尤其是逆光拍摄或画面明暗对比较大时。

如果是对准亮部测光，则可得到亮部曝光合适、暗部细节有所损失的画面；如果是对准暗部测光，则可得到暗部曝光合适、亮部细节有所损失的画面。所以，拍摄时可根据自己的拍摄意图来选择不同的测光点，以得到曝光合适的画面。

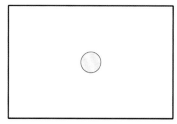

▲ 点测光模式示意图

实拍应用：用点测光逆光拍摄剪影效果

拍摄日出日落时，如果在画面中包含地面的景物，则会由于天空与地面的明暗反差较大，使曝光有一定的难度，此时通常采取保留天空的云彩层次，而将地面的景物拍摄成为剪影的拍摄手法。

拍摄时首先要将测光模式设置为点测光模式，而测光时要将测光点对准天空中相对较亮且层次较丰富的区域，以保证此区域的亮度与层次得到正确展现。

使用点测光对天空的中灰部进行测光，锁定曝光后重新构图，得到剪影效果的画面（焦距：200mm 光圈：F5 快门速度：1/1000s 感光度：ISO200）

实拍应用：拍摄曝光正常的半剪影效果

在拍摄落日景色时，如果太阳还未靠近地平线，则可以考虑将地面的景物拍摄成为半剪影效果，即有一定细节的剪影效果。这是由于拍摄时整个场景的光照效果往往仍然比较充分，因此用点测光对天空中云彩的中灰部测光，就可以兼顾天空与地面景物的亮度。另外，如果天空中的薄云遮盖住了太阳，人直视太阳不感觉刺目时，可以对太阳直接测光、拍摄，以突出表现太阳，因此拍摄时应灵活选择测光位置。

使用点测光对天空的中灰部进行测光，并增加了 0.3EV 曝光补偿，使花朵呈现出半剪影效果，花瓣清晰的纹理增加了画面的层次感，金黄的太阳也很好地烘托出了画面意境（焦距：200mm 光圈：F4 快门速度：1/1250s 感光度：ISO400）

实拍应用：利用点测光拍摄皮肤曝光正确的人像

在拍摄人像时，除了经常使用前面讲过的中央重点平均测光模式外，还可以使用点测光模式，尤其当所拍摄的人像与背景明暗反差较大时，更应缩小测光范围，利用准确度较高的点测光模式，对准模特的面部进行测光，这样就可以得到模特曝光合适的画面，使模特与其周围的环境分离开来，从而在画面中显得更加突出。

拍摄时可以先用镜头的长焦端将模特的面部拉近，半按快门进行测光后，按下✱按钮锁定曝光参数，然后再重新构图拍摄。

画面中模特与背景的光比较大，反差也较大，使用点测光模式拍摄，人物皮肤由于得到合适的曝光而显得非常细腻、光滑（焦距：200mm 光圈：F4 快门速度：1/640s 感光度：ISO100）

场景智能自动模式

Canon EOS 7D Mark Ⅱ 提供了场景智能自动模式 Ⓐ⁺，使用场景智能自动模式拍摄时，大部分甚至全部参数均由相机自动设定，以简化拍摄过程，降低拍摄的难度，提高拍摄的成功率，但也正因为如此，摄影师无法得到个性化的拍摄结果。

在光线充足的情况下，由相机自动分析场景并设定最佳拍摄参数，也可以拍摄出效果不错的照片。此模式在半按快门按钮对静止主体进行对焦时可以锁定焦点，重新构图后再进行拍摄；即使拍摄移动的主体，相机也会自动连续对主体对焦。

➤ 光线充足的情况下，使用场景智能自动模式还是能够拍出漂亮的照片的

正确选择曝光模式拍出个性化照片

有经验的摄影师一般都会使用高级曝光模式拍摄，以便根据拍摄题材和表现意图自定义大部分甚至全部拍摄参数，从而获得个性化的画面效果，下面分别讲解 Canon EOS 7D Mark Ⅱ各种高级曝光模式的功能及使用技巧。

程序自动模式 P

使用此曝光模式拍摄时，相机会基于一套算法自动确定光圈与快门速度组合。通常，相机会自动选择一种适合手持拍摄并且不受相机抖动影响的快门速度，同时还会调整光圈以得到合适的景深，从而确保所有景物都清晰呈现。

如果使用的是 EF 镜头，相机会自动获知镜头的焦距和光圈范围，并据此信息确定最优曝光组合。使用程序自动模式拍摄时，摄影师仍然可以设置 ISO 感光度、白平衡、曝光补偿等参数。此模式的最大优点是操作简单、快捷，适合于拍摄快照或那些不用十分注重曝光控制的场景，例如新闻、纪实摄影或进行偷拍、自拍等。

在实际拍摄时，相机自动选择的曝光设置未必是最佳组合。例如，摄影师可能认为按此快门速度手持拍摄不够稳定，或者希望用更大的光圈，此时可以利用程序偏移功能。

在 P 模式下，半按快门按钮，然后转动主拨盘可以显示不同的快门速度与光圈组合，虽然光圈与快门速度的数值发生了变化，但这些快门速度与光圈组合可以得到同样的曝光量。

在操作时，如果向右旋转主拨盘可以获得模糊背景细节的大光圈（低 F 值）或"锁定"动作的高速快门曝光组合；如果向左旋转主拨盘可获得增加景深的小光圈（高 F 值）或模糊动作的低速快门曝光组合。

实拍操作：在程序自动模式下，可以通过转动主拨盘 来选择快门速度与光圈的不同组合

▲ 使用程序自动模式抓拍非常方便（焦距：200mm　光圈：F5.6　快门速度：1/500s　感光度：ISO400）

高手点拨

如果快门速度"8000"和最小光圈值闪烁，表示曝光过度，此时可以降低ISO感光度或使用中灰滤镜，以减少进入镜头的光线量。

高手点拨

如果快门速度"30""和最大光圈值闪烁，表示曝光不足，此时可以提高ISO感光度或使用闪光灯。

快门优先模式Tv

在快门优先模式下，用户可以转动主拨盘从 30 秒至 1/8000 秒之间选择所需快门速度，然后相机会自动计算光圈的大小，以获得正确的曝光组合。

实拍操作：在快门优先模式下，可以转动主拨盘调整快门速度的数值

高手点拨

较高的快门速度可以凝固运动主体的动作或精彩瞬间；较慢的快门速度可以形成模糊效果，从而产生动感。

▲ 使用快门优先模式并设置较高的快门速度，从而捕捉马群涉水而过时的场景，四溅的水花让人感觉到马匹涉水时的速度与力度感（焦距：28mm 光圈：F7.1 快门速度：1/1000s 感光度：ISO200）

高手点拨

如果最大光圈值闪烁，表示曝光不足。需要转动主拨盘设置较低的快门速度，直到光圈值停止闪烁，也可以设置一个较高的ISO感光度数值。

高手点拨

如果最小光圈值闪烁，表示曝光过度。需要转动主拨盘设置较高的快门速度，直到光圈值停止闪烁，也可以设置一个较低的ISO感光度数值。

▲ 使用快门优先模式并设置较低的快门速度，将溪流拍成如丝般柔顺的效果（焦距：17mm 光圈：F22 快门速度：3s 感光度：ISO100）

光圈优先模式Av

在 光圈优先模式下，相机会根据当前设置的光圈大小自动计算出合适的快门速度。

使用光圈优先模式可以控制画面的景深，在同样的拍摄距离下，光圈越大，景深越小，即画面中的前景、背景的虚化效果就越好；反之，光圈越小，则景深越大，即画面中的前景、背景的清晰度越高。

实拍操作：在光圈优先模式下，可以转动主拨盘来调整光圈数值

高手点拨

当光圈过大而导致快门速度超出了相机的极限时，如果仍然希望保持该光圈，可以尝试降低ISO感光度的数值，或使用中灰滤镜降低光线的进入量，从而保证曝光准确。

▲ 使用小光圈拍摄的夜景风光，画面不仅有足够大的景深，而且远处的灯光呈现为漂亮的星光效果（焦距：24mm 光圈：F20 快门速度：12s 感光度：ISO200）

▶ 采用光圈优先模式并配合大光圈的运用，可以得到非常漂亮的背景虚化效果，这也是人像摄影中很常用的拍摄手法（焦距：85mm 光圈：F4 快门速度：1/125s 感光度：ISO100）

全手动模式 M

在全手动模式下，所有拍摄参数都由摄影师手动进行设置，使用此模式拍摄有以下优点。

首先，使用 M 挡全手动模式拍摄时，当摄影师设置好恰当的光圈、快门速度数值后，即使移动镜头进行重新构图，光圈与快门速度数值也不会发生变化。

其次，使用其他曝光模式拍摄时，往往需要根据场景的亮度，在测光后进行曝光补偿操作；而在 M 挡全手动模式下，由于光圈与快门速度值都是由摄影师设定的，因此设定的同时就可以将曝光补偿考虑在内，从而省略了曝光补偿的设置过程。因此，

在全手动模式下，摄影师可以按自己的想法让影像曝光不足，以使照片显得较暗，给人忧伤的感觉；或者让影像稍微过曝，拍摄出明快的高调照片。

另外，当在摄影棚拍摄并使用了频闪灯或外置非专用闪光灯时，由于无法使用相机的测光系统，而需要使用测光表或通过手动计算来确定正确的曝光值，此时就需要手动设置光圈和快门速度，从而实现正确的曝光。

使用 M 挡全手动模式拍摄时，可通过转动主拨盘来设置快门速度；而光圈值则需要转动速控转盘来调整。

▲ 在影棚中拍摄人像时，由于影棚中各处光线强度差异较小，在拍摄时使用全手动曝光模式，可以在光圈和快门速度被设置好后直接进行拍摄，省去了每次拍摄都要重新设置其数值的麻烦

高手点拨

在改变光圈或快门速度时，曝光量标志会左右移动，当曝光量标志位于标准曝光量标志的位置时，能获得相对准确的曝光。另外，如果转动主拨盘和速控转盘无法改变快门速度与光圈值，则应该将相机右下方的 LOCK▶ 开关移到左侧位置。

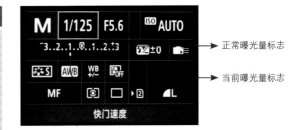

正常曝光量标志

当前曝光量标志

B门模式

使用B门模式拍摄时，持续地完全按下快门按钮时快门将保持打开，直到松开快门按钮时快门被关闭，即完成整个曝光过程，因此曝光时间取决于快门按钮被按下与被释放的过程，特别适合拍摄光绘、天体、焰火等需要长时间曝光并手动控制曝光时间的题材。为了避免画面模糊，使用B门模式拍摄时，应该使用三脚架及遥控快门线。

包括Canon EOS 7D Mark Ⅱ在内的所有数码单反相机，都只支持最低30s的快门速度，也就是说，对于超过30s的曝光时间，只能利用B门模式进行手工控制。

▲ 将模式拨盘转至B即可

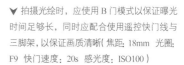

◀ 通过2145s的长时间曝光，拍摄得到奇幻的星空画面（焦距：35mm　光圈：F9　快门速度：2145s　感光度：ISO1000）

▼ 拍摄光绘时，应使用B门模式以保证曝光时间足够长，同时应配合使用遥控快门线与三脚架，以保证画质清晰（焦距：18mm　光圈：F9　快门速度：20s　感光度：ISO100）

焦距：85mm　光圈：F2　快门速度：1/400s　感光度：ISO100

Chapter 06

掌握曝光参数设定及曝光技法

设置曝光等级增量精确调整曝光

如果希望改变光圈、快门速度、曝光补偿、自动包围曝光、闪光曝光补偿等曝光参数的变化幅度，可以通过"曝光等级增量"菜单来实现。

在此可以选择 1/3 级或 1/2 级调整增量，选定之后相机将以选定的幅度增加或减少曝光参数的数值。

■1/3级：选择此选项，每调整一级则曝光量以+1/3EV或-1/3EV幅度发生变化。

■1/2级：选择此选项，每调整一级则曝光量以+1/2EV或-1/2EV幅度发生变化。

❶ 在**自定义功能菜单** 1 中选择**曝光等级增量**选项

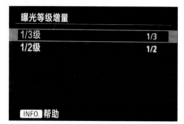

❷ 转动速控转盘◎选择一个选项并按下 SET 按钮

高手点拨

虽然，使用1/2级增量可以更快地调整曝光参数，但一定要考虑当使用的等级增量较大时，所得到的曝光参数是否会导致照片过曝或欠曝。例如，以某一个确定的曝光参数组合拍摄儿童时，当曝光等级增量被设置为1/2级时，将曝光参数提高一个等级增量，画面有可能过曝；而当曝光等级增量被设置为1/3级时，将曝光参数提高一个等级增量，有可能既可使儿童的面部皮肤显得更白皙，同时画面又不会过曝。

▼ 为儿童拍摄照片时，将曝光等级增量设置得小一些，可以使儿童的面部皮肤曝光得更精准（焦距：50mm 光圈：F5.6 快门速度：1/125s 感光度：ISO100）

利用高光色调优先表现高光细节

利用"高光色调优先"功能可以有效地提升高光细节，使灰度与高光之间的过渡更加平滑。这是因为在开启这一功能后，可以使拍摄时的动态范围从标准的18%灰度扩展到高光区域。此时，画面的曝光可能会偏暗一些，同时噪点也会变得较为明显。

启用"高光色调优先"功能后，将会在液晶显示屏和取景器中显示"D+"符号。相机可以设置的ISO感光度范围也变为ISO200~ISO16000。

● 在**拍摄菜单 3** 中选择**高光色调优先**选项

❷ 转动速控转盘◯选择**启用**或**关闭**选项

▲ 未开启"高光色调优先"功能，画面的亮部细节有缺失。放大观察时，白色部分已经因为曝光过度而变成一片惨白，没有细节

▲ 开启"高光色调优先"功能，亮部细节比较丰富。放大观察时，白色部分并没有完全过曝，还有细节

高手点拨

在使用顺光拍摄人像、昆虫、动物等题材时，利用"高光色调优先"功能可以通过压低高光曲线使照片中高光部分的细节有较好的表现。

利用自动亮度优化提升暗调照片质量

通常在拍摄光比较大的画面时容易丢失细节，最终出现画面中亮部过亮、暗部过暗或明暗反差较大的情况，此时启用"自动亮度优化"功能，则可以进行不同程度的校正。

例如，在直射明亮阳光下拍摄时，拍出的照片中容易出现较暗的阴影与较亮的高光区域，启用"自动亮度优化"功能，可以确保所拍摄照片中的高光和阴影的细节不会丢失，因为此功能会使照片的曝光稍欠一些，有助于防止照片的高光区域完全变白而显示不出任何细节，同时还能够避免因为曝光不足而使阴影区域中的细节丢失。

在 Canon EOS 7D Mark II 中可以通过"在 M 或 B 模式下关闭"选项，控制当使用 M 挡全手动及 B 门模式拍摄时，是否禁用"自动亮度优化"功能。

值得注意的是，如果"高光色调优先"被设为了"启用"，则"自动亮度优化"将被自动设为"关闭"，并且无法改变该设置。另外，根据拍摄条件的不同，使用此功能可能会导致画面中的噪点增多。

❶ 在**拍摄菜单** 2 中选择**自动亮度优化**选项

❷ 转动速控转盘 ◎ 可选择不同的优化强度，按下 **INFO.** 按钮可选中或取消选中**在 M 或 B 模式下关闭**选项

高手点拨

此功能在拍摄以窗户等明亮物体为背景的人像作品时效果显著，如果关闭此功能，在没有充分补光的情况下，模特的面部会显得很灰暗，但如果将其设定为"强"，就能够成功地提高人物面部的亮度，使人物面部与背景均得到较为合适的曝光。

如果保存照片时使用的是 RAW 格式，则无需开启此功能，原因是在专业照片处理软件中完全能够实现这一功能。

◀ 启用"自动亮度优化"功能后，暗部细节比较丰富（焦距：200mm 光圈：F4 快门速度：1/125s 感光度：ISO400）

▼ 未启用"自动亮度优化"功能，画面的暗部细节有缺失

利用长时间曝光降噪获得纯净画质

在 使用1秒或更长的曝光时间拍摄时，利用长时间曝光降噪功能可以有效减少噪点，从而获得更纯净的画质。

■ 关闭：选择此选项，在任何情况下都不执行长时间曝光降噪功能。

■ 自动：选择此选项，当曝光时间超过1秒，且相机检测到噪点时，将自动执行降噪处理。此设置在大多数情况下有效。

■ 启用：选择此选项，在曝光时间超过1秒时即进行降噪处理，此功能适用于选择"自动"选项时无法自动执行降噪处理的情况。

▼ 在拍摄夜景时虽然使用了较长的曝光时间，但由于使用了长时间曝光降噪功能，因此画面中并没有明显的噪点（局部放大细节见右下角小图）（焦距：40mm 光圈：F14 快门速度：30s 感光度：ISO100）

❶ 在**拍摄菜单3**中选择**长时间曝光降噪功能**选项

❷ 转动速控转盘◯可选择不同的选项

高手点拨

降噪处理需要时间，而这个时间可能与拍摄时间相同，并且如果在将"长时间曝光降噪功能"设置为"启用"时，使用实时显示功能进行长时间曝光拍摄，那么在降噪处理过程中将显示"BUSY"，直到降噪完成，在这期间将无法继续拍摄照片。因此，通常情况下建议将此功能关闭，在需要进行长时间曝光拍摄时再开启。

实拍应用：利用长时间曝光降噪拍摄夜景中的车流

使用慢速快门拍摄车流经过留下的长长光轨，是绝大多数摄影爱好者喜爱的城市夜景题材。但要拍摄出漂亮的车灯轨迹，对拍摄技术有较高的要求。

首先，应该选择天色未完全黑时进行拍摄，这时的天空有宝石蓝般的色彩，拍摄出来的照片中天空才会漂亮。

如果要让照片中的车灯轨迹呈迷人的S形线条，拍摄地点的选择很重要，应该寻找能够看到弯道的地点进行拍摄，如果在过街天桥上拍摄，那么出现在画面中的灯轨线条必然是有汇聚效果的直线条，而不是S形线条。

拍摄车灯轨迹一般选择快门优先模式，并根据需要将快门速度设置为30s以内的数值（如果要使用超出30s的快门速度进行拍摄，则需要使用B门）。在不会过曝的前提下，曝光时间的长短与最终画面中车灯轨迹的长度成正比。

最后一点也是最重要的一点，由于拍摄时间较长，画面会出现噪点，所以在拍摄时可开启长时间曝光降噪功能，以减少画面中的噪点，得到更精细的画面效果。

▲ 使用三脚架固定相机，利用长时间曝光记录下车灯的轨迹，漂亮的车灯轨迹看起来有种流畅感，也将夜晚点缀得更加绚烂，由于在拍摄时使用了长时间曝光降噪功能，因此拍出照片的画质仍然很出色（焦距：24mm 光圈：F18 快门速度：20s 感光度：ISO100）

设置曝光补偿以获得正确曝光

曝光补偿的概念

由于数码单反相机是利用一套程序来对不同的拍摄场景进行测光，因此在拍摄一些极端环境，如较亮的白雪场景或较暗的弱光环境时，往往会出现偏差。为了避免这种情况的发生，需要通过增加或减少曝光补偿（以 EV 表示）使所拍摄景物的亮度、色彩得到较好的还原。

另外，由于传统相机胶卷的宽容度比较大，即使曝光设置有一定偏差，也不会有很大问题；而数码相机感光元件的宽容度较小，因此轻微的曝光偏差就可能影响画面的整体效果。所以，为了避免这种情况的发生，就需要摄影师掌握曝光补偿的原理与设置方法。

Canon EOS 7D Mark II 的曝光补偿范围在 -5.0EV~+5.0EV 之间，并以 1/3 级为单位进行调节。

设置曝光补偿有如下两种方法：①使用液晶显示屏及速控转盘设置曝光补偿；②使用菜单来设置曝光补偿。

判断曝光补偿的方向

曝光补偿有正向与负向之分，即增加与减少曝光补偿，针对不同的拍摄题材，在拍摄时一般可使用"白加黑减"口诀来判断是增加还是减少曝光补偿。

需要注意的是，"白加"中提到的"白"并不是指单纯的白色，而是泛指一切颜色看上去比较亮的、比较浅的景物，如雪、雾、白云、浅色的墙体、亮黄色的衣服等；同理，"黑减"中提到的"黑"，也并不是单指黑色，而是泛指一切颜色看上去比较暗的、比较深的景物，如夜景、深蓝色的衣服、阴暗的树林、黑胡桃色的木器等。

因此，在拍摄时，若遇到了"白色"的场景，就应该做正向曝光补偿；如果遇到的是"黑色"的场景，就应该做负向曝光补偿。

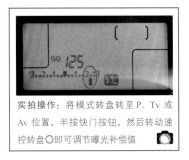

实拍操作：将模式转盘转至 P、Tv 或 Av 位置，半按快门按钮，然后转动速控转盘○即可调节曝光补偿值

❶ 在**拍摄菜单 2** 中选择**曝光补偿**/AEB 选项

❷ 转动速控转盘○可设置曝光补偿值

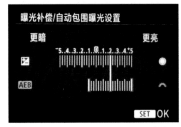

❸ 转动主拨盘可设置自动包围曝光值

判断曝光补偿的数量

如前所述，根据"白加黑减"口诀来判断曝光补偿的方向并非难事，真正使大多数初学者比较迷惑的是，面对不同的拍摄场景应该如何选择曝光补偿量。

实际上，选择曝光补偿量的标准也很简单，就是要根据画面中的明暗比例来确定。

如果明暗比例为 1：1，则无需进行曝光补偿，用评价测光就能够获得准确的曝光。

如果明暗比例为 1：2，应该做 -0.3 挡曝光补偿；如果明暗比例是 2：1，则应该做 +0.3 挡曝光补偿。

如果明暗比例为 1：3，应该做 -0.7 挡曝光补偿；如果明暗比例是 3：1，则应该做 +0.7 挡曝光补偿。

如果明暗比例为 1：4，应该做 -1 挡曝光补偿；如果明暗比例是 4：1，则应该做 +1 挡曝光补偿。

总之，明暗比例相差越大，则曝光补偿数值也应该越大。当然，由于 Canon EOS 7D Mark Ⅱ 的曝光补偿范围为 -5.0EV~+5.0EV，因此最高的曝光补偿量不可能超过这个数值。

在确定曝光补偿量时，除了要考虑场景的明暗比例以外，还要将摄影师的表达意图考虑在内，其中比较典型的是人像摄影。例如，在拍摄漂亮的女模特时，如果希望其皮肤在画面中显得更白皙一些，则可以在自动测光的基础上再增加 0.3~0.5 挡曝光补偿。

在拍摄老人、棕色或黑色人种时，如果希望其肤色在画面中看起来更沧桑或更黝黑，则可以在自动测光的基础上做 0.3~0.5 挡负向曝光补偿。

▲ 明暗比例为 1：2 的场景

▲ 明暗比例为 2：1 的场景

▲ 通过做负向曝光补偿，使小男孩的皮肤看上去更黝黑而有光泽

正确理解曝光补偿

许多摄影初学者在刚接触曝光补偿时，以为使用曝光补偿可以在曝光参数不变的情况下，提亮或加暗画面，这实际上是错误的。

实际上，曝光补偿是通过改变光圈与快门速度来提亮或加暗画面的。即在光圈优先曝光模式下，如果增加曝光补偿，相机实际上是通过降低快门速度来实现的；反之，则提高快门速度。在快门优先曝光模式下，如果增加曝光补偿，相机实际上是通过增大光圈来实现的（直至达到镜头所标识的最大光圈），因此当光圈达到镜头所标识的最大光圈时，曝光补偿就不再起作用；反之，则缩小光圈。

下面通过两组照片及其拍摄参数来佐证这一点。

▲ 焦距：50mm 光圈：F3.2 快门速度：1/2s 感光度：ISO100 曝光补偿：+0.7EV

▲ 焦距：50mm 光圈：F3.2 快门速度：1/4s 感光度：ISO100 曝光补偿：+0.3EV

▲ 焦距：50mm 光圈：F3.2 快门速度：1/8s 感光度：ISO100 曝光补偿：−0.3EV

▲ 焦距：50mm 光圈：F3.2 快门速度：1/13s 感光度：ISO100 曝光补偿：−0.7EV

从上面展示的4张照片中可以看出，在光圈优先曝光模式下，改变曝光补偿，实际上是改变了快门速度。

▲ 焦距：50mm 光圈：F5 快门速度：1/4s 感光度：ISO100 曝光补偿：−0.7EV

▲ 焦距：50mm 光圈：F4 快门速度：1/4s 感光度：ISO100 曝光补偿：−0.3EV

▲ 焦距：50mm 光圈：F3.5 快门速度：1/4s 感光度：ISO100 曝光补偿：0EV

▲ 焦距：50mm 光圈：F3.2 快门速度：1/4s 感光度：ISO100 曝光补偿：+0.3EV

从上面展示的4张照片中可以看出，在快门优先曝光模式下，改变曝光补偿，实际上是改变了光圈大小。

实拍应用：增加曝光补偿拍摄皮肤白皙的人像

在拍摄人像，尤其是拍摄儿童或美女人像时，通常都要将其皮肤拍摄得白皙一些，此时，可以在自动测光（如使用光圈优先模式）的基础上，适当增加半挡或 2/3 挡的曝光补偿，让皮肤获得足够的光线而显得白皙、光滑、细腻，而又不会显得过分苍白。

因为增加曝光补偿后，快门速度将降低，意味着相机可以吸收更多的光线，因此人像皮肤的曝光将更加充分。而其他区域的曝光可以不必太过顾忌，可以通过构图、背景虚化等手法，消除这些区域曝光过度的负面影响。

▶ 拍摄时增加了半挡曝光补偿，使少女的皮肤显得更加白皙（焦距：135mm 光圈：F2.8 快门速度：1/400s 感光度：ISO100）

实拍应用：降低曝光补偿拍摄深色背景

在拍摄花卉、静物等题材时，如果被摄主体位于深色背景的前面，可以通过做负向曝光补偿以适当降低曝光量，将背景拍摄成纯黑色，从而凸显前景处的被摄主体。

需要注意的是，拍摄时应该用点测光模式对准前景处被摄主体相对较亮的区域进行测光，从而保证被摄主体的曝光是准确的。

在拍摄时，设置的曝光补偿数值要视画面中深暗色背景的面积而定，面积越大，则曝光补偿的数值也应该设置得大一点。

▼ 在拍摄时减少了 1 挡曝光补偿，从而获得了较暗的背景，使粉红的荷花在画面中显得更加突出（焦距：300mm 光圈：F4 快门速度：1/800s 感光度：ISO100）

实拍应用：增加曝光补偿拍摄白雪

拍摄雪景的难点在于如何使画面获得准确的曝光。由于雪地的反光较强，亮度通常是没有雪覆盖地面的几倍，而相机的内置测光表是以18%中性灰为标准测光的，较强的反射光会使测光数值降低1~2挡曝光量，因此，在保证不会曝光过度的情况下，可通过适当增加曝光补偿的方法如实还原白雪的明度。

在实际拍摄时，天气的阴晴、时间的早晚、阳光下或阴影中、光的方向与照射角度、雪地表面状况、雪地面积等因素，都可能使雪地的亮度变得更加复杂，从而增加拍摄的难度，因此做多少曝光补偿应视上述情况而定。

如果在画面中有人物，则处在前景处的人脸和四周雪景的亮度差会比较大。在曝光时，如果照顾人的面部，则四周的雪景会曝光过度；反之，以雪景的亮度作为曝光依据，则人的面部又会曝光不足。因此，应该按照人脸与雪地的平均亮度确定曝光量。

▼ 在拍摄时增加1挡曝光补偿，可使雪的颜色显得更加洁白（焦距：48mm　光圈：F9　快门速度：1/320s　感光度：ISO200）

实拍应用：逆光拍摄时通过负向曝光补偿拍出剪影或半剪影效果

迎着太阳逆光拍摄时，天空与地面的明暗反差较大，大光比画面会失去很多细节，此时通常要将画面拍成剪影效果。

合适的剪影能够使画面更具美感，形成剪影的对象，可以是树枝、飞鸟、建筑物、人群，也可以是茅草、礁石、小船，不同的对象能够使剪影呈现不同的美感，为画面营造不同的氛围。

拍摄时应对着天空中的亮部测光，并通过做负向曝光补偿，使画面深暗区域的细节更少，即可形成明显的剪影或半剪影效果。

高手点拨

拍出的画面是呈剪影还是半剪影效果，取决于拍摄环境的光比与测光点位置。光比越大，成像效果越接近于剪影；所选择测光点的位置越亮，成像效果也越接近于剪影。

▲ 以极低的角度逆光拍摄日落时的故宫，拍摄时测光的位置选择的是较明亮的石板，并非最明亮的天空，因此画面中的建筑被拍摄成为半剪影效果，整个画面既有日暮时略带颓废的气氛，又有半剪影建筑带给画面的神秘感（焦距：16mm　光圈：F22　快门速度：1/60s　感光度：ISO250）

利用自动包围曝光提高拍摄成功率

理解自动包围曝光

无论摄影师使用的是评价测光还是点测光，要实现准确或者说正确的曝光，有时都不能解决问题，其中任何一种方法都会给曝光带来一定程度的遗憾。有的测光方式可能会导致所拍出的画面比正确曝光的画面过曝 1/3EV，有的则可能欠曝 1/3EV。

解决上述问题的最佳方案是使用包围曝光技法，摄影师可以针对同一场景连续拍摄出 3 张曝光量略有差异的照片，每一张照片的曝光量具体相差多少，可由摄影师自己确定。在实际拍摄过程中，摄影师无需调整曝光量，相机将根据摄影师的设置自动在第一张照片的基础上增加、减少一定的曝光量，拍摄出另外两张照片。

按此方法拍摄出来的三张照片中，总会有一张是曝光相对准确的照片，因此使用包围曝光能够提高拍摄的成功率。这种技术还能够帮助那些面对复杂的现场光线没有把握正确设置曝光参数的摄影师，通过拍摄多张同一场景且曝光量不同的照片来确保拍摄的成功率。

在实际使用时，如果使用的是单拍模式，要按下 3 次快门才能完成自动包围曝光拍摄；如果使用的是连拍模式，则按住快门即可连续拍摄 3 张曝光量不同的照片。

▲ 设置 ±1EV 的包围曝光值，拍摄得到 3 张曝光量不同的海边照片

设置包围曝光量的方法

要设置包围曝光量，可以按右图所示的方法操作。

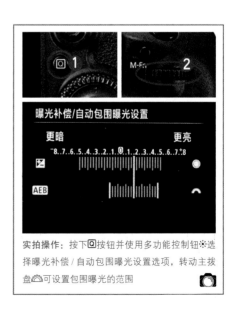

包围曝光自动取消

对于很多摄影师来说，包围曝光并不是常用的功能，或者常常希望拍摄一次之后就取消此功能，此时就可以启用"包围曝光自动取消"功能。如果需要经常或连续使用包围曝光功能，则应该关闭"包围曝光自动取消"功能。

高手点拨

对于那些不经常使用自动包围曝光和白平衡包围功能的摄影师而言，建议选择"启用"选项，这样在下次启动相机时就不需要再手动清除自动包围曝光设置了。

❶ 在**自定义功能菜单**1中选择**包围曝光自动取消**选项　❷ 转动速控转盘◎可选择**启用**或**关闭**选项

■ 启用：选择此选项，当关闭相机电源时，自动包围曝光和白平衡包围设置会被取消。当闪光灯准备就绪或切换至短片拍摄模式时，自动包围曝光也会被取消。

■ 关闭：选择此选项，即使关闭电源，自动包围曝光和白平衡包围设置也会被保留下来。

设置包围曝光顺序

在"包围曝光顺序"菜单中可以设置使用自动包围曝光时不同曝光量照片的拍摄顺序，Canon EOS 7D Mark Ⅱ提供了三种包围曝光顺序。选定一种包围曝光顺序后，相机就会按照该顺序进行拍摄。

高手点拨

在实际拍摄中，如果更改了"包围曝光顺序"选项，并不会对拍摄的结果产生影响。

 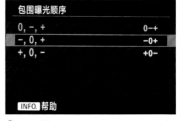

❶ 在**自定义功能菜单**1中选择**包围曝光顺序**选项　❷ 转动速控转盘◎可选择包围曝光的顺序选项

■ 0，-，+：选择此选项，相机会按照第一张标准曝光量、第二张减少曝光量、第三张增加曝光量的顺序进行拍摄。

■ -，0，+：选择此选项，相机就会按照第一张减少曝光量、第二张标准曝光量、第三张增加曝光量的顺序进行拍摄。

■ +，0，-：选择此选项，相机就会按照第一张增加曝光量、第二张标准曝光量、第三张减少曝光量的顺序进行拍摄。

利用HDR合成漂亮的大光比照片

理解宽容度

许多摄影爱好者都曾遇到过面对蓝天白云、金色落日的美景，却无法将其完美地捕捉下来的情况，其原因绝大部分是由于所拍摄的场景光比很大，而数码相机感光元件的宽容度较小，从而造成相机无法同时兼顾场景最暗区域与最亮区域的细节，导致拍摄出来的照片要么亮部成为白色，要么暗部成为黑色。

在数码摄影中，"宽容度"通常也被称为"曝光宽容度"或者"动态范围"，是指感光元件能够真实、准确记录景物亮度反差的最大范围，此参数反映了数码相机能够同时记录同一场景中最亮的高光区域和最黑的暗部区域细节的能力。当相机能够同时保证明亮的光照区域及较暗的阴影区域曝光正确时，则表明数码相机感光元件的宽容度较大。

如果数码相机感光元件的宽容度较小，就可能出现暗部曝光正确，而明亮的高光区域因"过曝"形成一片"死白"的现象，从而丢失很多明亮区域的细节；也可能出现照片亮部曝光正确，但暗部出现一片"死黑"的情况，从而使暗部的许多细节都被淹没在黑暗之中。

因此，在数码摄影中，所用相机的宽容度越大，对于最终照片质量的提升就越有帮助，也才有可能准确记录下那些大光比的漂亮风景。

通常全画幅相机的宽容度比APS-C画幅相机的宽容度要大；而APS-C画幅相机的宽容度又比家用小数码相机的宽容度要大。

▲ 由于感光元件宽容度较小，在光线较弱的环境中拍摄时，会使画面中的暗部细节损失较多（焦距：35mm 光圈：F8 快门速度：1/100s 感光度：ISO100）

▲ 由于感光元件宽容度的问题，在光线较亮的环境中拍摄时，会使画面中的亮部细节损失较多（焦距：18mm 光圈：F86 快门速度：1/250s 感光度：ISO100）

解决宽容度问题的最佳办法——HDR

由于宽容度的大小取决于相机的硬件，因此要使拍摄出来的照片有较大的宽容度，必须从拍摄技术入手，目前最佳解决方法就是采用高动态范围图像合成技术，即HDR图像合成技术。

使用HDR图像合成技术，可以通过分别记录场景中最亮影调和最暗影调，然后在HDR专业软件或相机内部将这些照片"合并"在一起，从而得到高光区域和暗部区域细节都有较好表现的画面效果。

利用包围曝光法为合成HDR照片拍摄素材

前期包围曝光是指在拍摄现场，针对同一场景可采用不同曝光值拍摄多张照片的工作方式，这些曝光量不同的照片可以作为合成HDR照片的素材。

在拍摄之前，需要在数码相机中设置好包围曝光拍摄参数。Canon EOS 7D Mark Ⅱ支持按"欠曝、正常、过曝"的曝光模式来连续拍摄三张照片，每张照片的曝光差值可以根据需要进行调控，通常可以在 ±2 级之间调节，从而通过拍摄得到减少曝光量、标准曝光量、增加曝光量 3 种不同曝光程度的照片。

使用这种方法获得不同曝光量的照片后，即可在后期软件中进行 HDR 合成，最后得到高光、中间调及暗调细节都丰富的照片。

采用自动包围曝光法拍摄时应注意如下问题：

■建议采用光圈优先模式，只有使相机在自动变换曝光量时保持光圈恒定，才能保证拍摄出来的画面景深不变，这样的素材在后期合成时彼此细节才能够吻合。

■由于自动对焦很容易产生误差，因此建议采用手动对焦方式对焦。

■建议通过快门线控制快门，尽量避免相机产生震动。

■要想获得高质量的HDR合成照片，建议使用三脚架拍摄。

■要想获得高宽容度的数码照片，应将包围曝光参数的差值设置得相对大一些，比如，每挡曝光相差2级。

▲ 利用包围曝光法拍摄并合成的 HDR 照片，无论是建筑、水面还是天空中云彩的细节，在画面中都清晰可见

使用Photoshop合成高动态HDR影像

使用 Photoshop 软件，可以将使用自动包围曝光功能针对同一场景拍摄的 3 张曝光量不同的照片合成为 HDR 照片。

❶ 在Photoshop中，分别打开要合成HDR的3张照片。

❷ 选择"文件"｜"自动"｜"合并到HDR Pro"命令，在弹出的对话框中单击"添加打开的文件"按钮。

❸ 单击"确定"按钮退出对话框，在弹出的提示框中直接单击"确定"按钮退出，数秒后弹出"手动设置曝光值"对话框，单击向右 ＞ 按钮，使上方的预览图像为"素材3"，然后设置"EV"的参数。

❹ 按照上一步的操作方法，通过单击向左 ＜ 或向右 ＞ 按钮，设置"素材2"和"素材1"的"EV"数值分别为0.3、1，单击"确定"按钮，弹出"合并到HDR Pro"对话框。

❺ 根据需要在对话框中设置"半径"、"强度"等参数，直至满意后，单击"确定"按钮即可完成HDR合成。

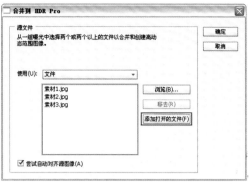

▲ "合并到 HDR Pro" 对话框

▲ "手动设置曝光值" 对话框

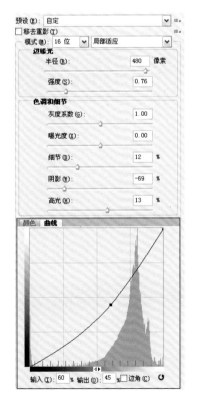

▲ 合成后的效果

被人忽视的曝光策略——右侧曝光

许多摄影师在曝光时秉承着"宁欠勿曝"的宗旨进行参数设置，但如果了解了数码相机的CCD或CMOS感光元件计算光量、保存影调的方式后，就会改变这一曝光策略。

CCD和CMOS感光元件以线性的方式计算光量，大多数数码单反相机记录14比特的影像，在6挡下能够记录4096种影调值。但这些影调值在这6挡曝光设置中并不是均匀分布的，而是以每一挡记录前一挡一半的光线为原则记录光线的。

所以，一半影调值（2048）分给了最亮的一挡，余下影调值的一半（1024）分配给了下一挡，以此类推。结果6挡中的最后一挡，也就是最暗一挡能够记录的影调值只有64种。所以，如果有意按曝光不足来保留高光中的细节，反而有可能失去本来可以捕捉到的很大一部分数据。

根据上述理论，最好的曝光策略应该是"右侧曝光"，即使曝光设置尽量接近曝光过度，而实际上又不消弱高光区域细节的表现。在采用右侧曝光策略拍摄的照片柱状图中，大多数像素集中在中点的右侧。

需要特别强调的是，这种曝光策略更适合使用RAW格式拍摄的照片。这样的照片看上去也许有些亮，但这很容易在后期处理时通过调整其亮度和对比度加以修正。

▲ 以右侧曝光策略拍摄的照片，通过后期处理获得了更多细节（焦距：105mm　光圈：F7.1　快门速度：1/200s　感光度：ISO100）

利用曝光锁定功能锁定曝光

曝光锁定应用场合及操作方法

曝光锁定，顾名思义就是可以将画面中某个特定区域的曝光值锁定，并以此曝光值对场景进行曝光。

曝光锁定主要用于如下场合：①当光线复杂而主体不在画面中央位置的时候，需要先对准主体进行测光，然后将曝光值锁定，再进行重新构图、拍摄；②以代测法对场景进行曝光，当场景中的光线复杂或主体较小时，可以对其他代测物体测光，如人的面部、反光率为18%的灰板、人的手背等，然后将曝光值锁定，再进行重新构图、拍摄。

下面以拍摄逆光人像为例讲解其操作方法。

❶ 通过使用镜头的长焦端或者靠近被摄人物，使被摄者充满画面，半按快门得到一个曝光值，按下✱按钮锁定曝光值。

❷ 保持✱按钮的被按下状态，通过改变相机的焦距或者改变和被摄人物之间的距离进行重新构图，半按快门对被摄者对焦，合焦后完全按下快门完成拍摄。

▲ Canon EOS 7D Mark Ⅱ的曝光锁定按钮

◀ 使用曝光锁定功能后，人物的肤色得到更好的还原（焦距：85mm　光圈：F2.5　快门速度：1/125s　感光度：ISO200）

▼ 使用光圈优先模式拍摄时，由于没有进行曝光锁定，导致人物的面部有些发暗

不同摄影题材的曝光锁定技巧

在拍摄人像时，通常以模特的脸部作为曝光依据并进行锁定，这样人物的肤色可以得到正确还原。

在拍摄蓝天白云时，通常以天空作为曝光依据并进行锁定，这样拍摄出来的蓝天更蓝、白云更白。

在拍摄湖面等有大面积水的景物时，通常以水面的反光处作为曝光依据并进行锁定，这样可以使拍摄出来的水面细节更加丰富。

在拍摄树木时，通常以树木明暗交接处的亮度作为曝光依据并进行锁定，这样可以使拍摄出来的树木显得更加郁郁葱葱。

在拍摄日出日落时，通常以太阳旁边的高光云彩作为曝光依据并进行锁定，这样拍摄出来的云层会更加细腻。

▲ 在拍摄夕阳时，以云彩作为曝光依据并进行锁定，这样云彩的细节会非常丰富（焦距：120mm 光圈：F5.6 快门速度：1/1250s 感光度：ISO400）

▼ 在拍摄湖面时，以湖面的反光位置作为曝光依据并进行锁定，画面中水面和树木的颜色都很饱和（焦距：24mm 光圈：F16 快门速度：1/160s 感光度：ISO100）

通过柱状图判断曝光是否准确

柱状图就是常说的直方图，是相机曝光所捕获的影像色彩或影调的图示。

柱状图的作用

通过查看柱状图所呈现的效果，可以帮助拍摄者判断曝光情况，并据此做出相应调整，以得到最佳曝光效果。另外，在实时取景状态下拍摄时，通过柱状图可以检测画面的成像效果，为拍摄者提供重要的曝光信息。

很多摄影爱好者都会陷入这样一个误区，液晶显示屏上的影像很棒，便以为真正的曝光效果也会不错，但事实并非如此。这是由于很多相机的显示屏还处于出厂时的默认状态，显示屏的对比度和亮度都比较高，令摄影者误以为拍摄到的影像很漂亮，倘若不看柱状图，往往会感觉照片曝光正合适，但在电脑屏幕上观看时，却发现拍摄时感觉还不错的照片，暗部层次却丢失了，即使是使用后期处理软件挽回部分细节，效果也不是太好。

因此，在拍摄时摄影师要养成随时观看柱状图的习惯，这是唯一值得信赖的判断曝光是否正确的依据。

▲ 拍摄偏高调的照片时，利用直方图能够准确判断画面是否过曝（焦距：24mm 光圈：F11 快门速度：1/125s 感光度：ISO100）

如何观看柱状图

柱状图的横轴表示亮度等级（从左至右分别对应黑与白），纵轴表示图像中各种亮度像素数量的多少，峰值越高则表示这个亮度的像素数量就越多。

所以，拍摄者可通过观看柱状图的显示状态来判断照片的曝光情况，若出现曝光不足或曝光过度，调整曝光参数后再进行拍摄，即可获得一张曝光准确的照片。

当曝光过度时，照片中会出现死白的区域，画面中的很多细节都丢失了，反映在柱状图上就是像素主要集中于横轴的右端（最亮处），并出现像素溢出现象，即高光溢出，而左侧较暗的区域则无像素分布，故该照片在后期无法补救。

当曝光准确时，照片影调较为均匀，且高光、暗部或阴影处均无细节丢失，反映在柱状图上就是在整个横轴上从最黑的左端到最白的右端都有像素分布。由于下中图的画面偏高影调，故反映在柱状图上为像素向右侧（最亮处）靠拢，后期可调整余地较大。

当曝光不足时，照片中会出现无细节的死黑区域，画面中丢失了过多的暗部细节，反映在柱状图上就是像素主要集中于横轴的左端（最暗处），并出现像素溢出现象，即暗部溢出，而右侧较亮区域少有像素分布，故该照片在后期也无法补救。

▲ 柱状图中线条偏左且溢出，说明画面曝光不足（焦距：35mm 光圈：F7.1 快门速度：1/80s 感光度：ISO200）

▲ 柱状图右侧溢出，说明画面中高光处曝光过度（焦距：35mm 光圈：F5.6 快门速度：1/500s 感光度：ISO100）

▲ 曝光正常的柱状图，画面明暗适中，色调分布均匀（焦距：200mm 光圈：F4.6 快门速度：1/200s 感光度：ISO200）

显示柱状图的方法

Canon EOS 7D Mark Ⅱ提供了亮度和RGB两种柱状图，分别表示曝光量分布情况和色彩饱和度与渐变情况。通过"显示柱状图"菜单可以控制是显示亮度柱状图还是显示RGB柱状图。

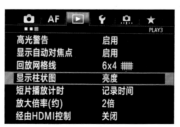

❶ 在**回放菜单**3中选择**显示柱状图**选项

❷ 转动速控转盘○可选择显示哪种柱状图

■亮度：选择此选项，则显示亮度柱状图。其中横轴和纵轴分别代表亮度等级（左侧暗，右侧亮）和像素分布状况，两者共同反映出所拍图像的曝光量和整体色调情况。

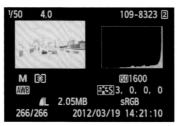

▲ 亮度柱状图

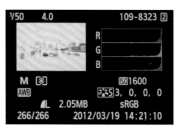

▲ RGB 柱状图

■RGB：选择此选项，则显示RGB柱状图。通过所拍图像的三原色的亮度等级分布状况，反映出图像色彩饱和度和渐变情况以及白平衡的偏移情况。

通过后期软件查看柱状图

柱状图除了可以在 Canon EOS 7D Mark Ⅱ 相机中查看外，还可以在后期处理软件中查看，例如利用 Photoshop 和 ACDSee 等软件都可以查看柱状图。

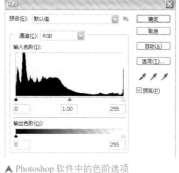

▲ Photoshop 软件中的色阶选项

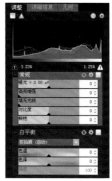

▲ ACDSee 软件编辑工具中的色阶选项

不同类型照片的柱状图

照片理想的柱状图其实是相对的，照片类型不同，其柱状图形状也不同。以均匀照度下、中等反差的景物为例，准确曝光照片的柱状图两端没有像素溢出，线条均衡分布。下面结合实际图例进行分析。

曝光准确的中间调照片柱状图

曝光准确的中间调照片由于没有大面积的高亮与低暗区域，因此其柱状图的线条分布较为均衡，从柱状图的最左侧至最右侧通常都有线条分布，而线条出现最集中的地方是柱状图的中间位置。

焦距：16mm 光圈：F11 快门速度：120s 感光度：ISO200

高调照片柱状图

高调照片有大面积浅色、亮色，反映在柱状图上就是像素基本上都出现在其右侧，左侧即使有像素其数量也比较少。

焦距：18mm　光圈：F19　快门速度：1/320s　感光度：ISO100

高反差低调照片柱状图

由于高反差低调照片中高亮区域虽然比低暗的阴影区域少，但仍然在画面中占有一定的比例，因此在柱状图上可以看到像素会在最左侧与最右侧出现，而大量的像素则集中在柱状图偏左侧的位置。

焦距：210mm　光圈：F9　快门速度：1/1250s　感光度：ISO100

低反差暗调照片柱状图

由于低反差暗调照片中有大面积暗调，而高光面积较小，因此在其柱状图上可以看到像素基本集中在左侧，而右侧的像素则较少。

焦距：24mm　光圈：F4　快门速度：5s　感光度：ISO100

安全偏移

利用"安全偏移"功能可以强制性地改变摄影师所设置的曝光参数，避免曝光出现偏差。例如，在晴天使用 F1.4 的大光圈拍摄人像，虽然采用光圈优先曝光模式拍摄时，相机会自动提高快门速度，以获得合适的曝光量，但有时即使使用最高快门速度，仍然可能出现曝光过度的情况。

而使用"安全偏移"功能可以有效避免这类问题，此时相机会强制性地改变光圈设置，从而避免曝光错误，因此这是一个很有用的功能。

- 关闭：选择此选项，将关闭"安全偏移"功能。
- 快门速度/光圈：选择此选项，"安全偏移"功能将在快门优先（Tv）和光圈优先（Av）曝光模式下生效。如果主体的亮度总是在变化中而无法获得合适的曝光时，相机将自动改变光圈或快门速度的数值，以获得合适的曝光。
- ISO感光度：选择此选项，"安全偏移"功能可应用于程序自动（P）、快门优先（Tv）和光圈优先（Av）曝光模式下，若此时无法获得准确曝光，相机将自动改变ISO感光度的数值以获得准确的曝光。

❶ 在**自定义功能菜单** 1 中选择**安全偏移**选项

❷ 转动速控转盘◎可选择是否启用此功能以及启用的方式

高手点拨

在拍摄时建议启用此功能，因为它可以自行通过曝光和闪光补偿获得想要的效果。如果遇到曝光不合适的情况，"安全偏移"功能就会强制性地改变相应的设置，从而避免曝光偏差。对于经常拍摄户外人像、舞台人像或者婚礼人像的用户来说，此功能非常实用。

▼ 对于这种局部有高光，光线又比较复杂的场景，建议开启"安全偏移"功能，并采用包围曝光的方法进行拍摄，以提高拍摄的成功率（焦距：24mm 光圈：F11 快门速度：2s 感光度：ISO100）

焦距：17mm 光圈：F11 快门速度：8s 感光度：ISO100

Chapter 07
掌握感光度设定

感光度概念及设置方法

数码相机的感光度概念是从传统胶片感光度引入的，它是用不同的感光度数值来表示感光元件对光线的感光敏锐程度，即在相同条件下，感光度越高，相机感光元件获得光线的数量也就越多。

但感光度越高，产生的噪点就越多，而低感光度画面则清晰、细腻，细节表现较好。

Canon EOS 7D Mark Ⅱ 在感光度的控制方面非常优秀。其常用感光度范围为 ISO100~ISO16000，并可以向上扩展至 H1 和 H2（相当于ISO25600 和 ISO51200）。

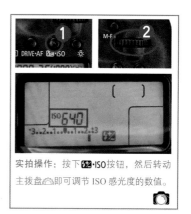

实拍操作：按下 ⊠·ISO 按钮，然后转动主拨盘 ⌒ 即可调节 ISO 感光度的数值。

Canon EOS 7D Mark Ⅱ 实用感光度范围

对于 Canon EOS 7D Mark Ⅱ 来说，当感光度数值在 ISO400 以下时，能获得出色的画质；当感光度数值在 ISO400~ISO1600 之间时，Canon EOS 7D Mark Ⅱ 的画质比低感光度时略有降低，但是依旧很优秀；即便是感光度数值上升到 ISO3200~ISO6400，也可以用良好来形容；当感光度数值超过 6400 时，画面会出现明显噪点，尤其在弱光环境下表现得更为明显；当感光度扩展至 H1、H2 时，画面中的噪点和色散已经变得很严重了，因此，除非必要，一般不建议使用。

根据笔者的使用经验，ISO3200 是 Canon EOS 7D Mark Ⅱ 相对实用的最高感光度。

▼ 在夜景摄影中，即使使用 ISO3200 这样的感光度来拍摄，画质仍然不错（焦距：17mm 光圈：F16 快门速度：25s 感光度：ISO100）

设置ISO感光度的范围

Canon EOS 7D Mark Ⅱ将ISO感光度的主要功能集成在了"ISO感光度设置"菜单中，可以在其中选择ISO感光度的具体数值、设置可用的ISO感光度范围、设置自动ISO感光度的范围以及使用自动ISO感光度时的最低快门速度等参数。

在"ISO感光度"选项中选择具体数值时，未被启用的ISO感光度范围将显示为灰色，即处于不可用状态。

❶ 在**拍摄菜单2**中选择ISO**感光度设置**选项

❷ 转动速控转盘◎选择ISO**感光度**选项

❸ 转动速控转盘◎可以选择不同的ISO感光度数值

默认情况下，在"ISO感光度"选项中扩展感光度并没有被激活，即没有显示H1（ISO25600）、H2（ISO51200），若要使用这些扩展感光度，就可以在"ISO感光度范围"选项中进行设置。

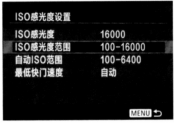
❹ 转动速控转盘◎选择ISO**感光度范围**选项

❺ 选择**最大**选项，并按下SET按钮，转动速控转盘◎选择最高ISO感光度的数值，然后选择**确定**选项

在拍摄人像照片时，为了保证人物皮肤的细腻，通常将感光度设为ISO100（焦距：200mm 光圈：F2.8 快门速度：1/100s 感光度：ISO100）

感光度设置原则

由于感光度对画质影响很大，因此在设置感光度时要把握以下原则：既保证画面获得充足的曝光，又不至于影响画面质量。

不同光照下的ISO设置原则

■如果拍摄时光线充足，例如在晴天或薄云的天气拍摄，应该将感光度设置为较低的数值，一般将感光度设置为ISO100~ISO200即可。

■如果是在阴天或者下雨的室外拍摄，推荐使用ISO400~ISO800。

■如果是在傍晚或者夜晚的灯光下拍摄，推荐使用ISO1600~ISO3200，并开启高ISO感光度降噪功能。

拍摄不同对象时的ISO设置原则

■如果拍摄人像，为了得到细腻的皮肤质感，推荐使用较低的感光度，如ISO100、ISO200。

■如果拍摄对象需要长时间曝光，如拍摄流水或者夜景，也应该使用ISO100、ISO400等相对低的感光度。

■如果拍摄的是高速运动的主体，为了保证在安全快门内能够拍摄到清晰的图像，应该尝试将感光度设置为ISO1600或ISO3200，以获得更高的快门速度。

不同拍摄目的的ISO设置原则

■如果拍摄的目的仅是为了记录，则感光度的设置原则是先拍到再拍好，即优先考虑使用高感光度，以避免由于感光度低而导致快门速度也较低，从而拍出模糊的照片。因为画质损失可通过后期处理来弥补，而画面模糊则意味着拍摄失败，是无法补救的。

■如果拍摄的照片用于商业目的，此时画质是第一位的，感光度的设置原则应该是先拍好再拍到，如果光线不足以支持拍摄时使用较低的感光度，宁可放弃拍摄。

这是为商业图库拍摄的食物类照片，为了保证其应用在印刷物上的质量，拍摄时使用了最低的ISO数值，以确保最终得到的画面中噪点最少（焦距：50mm 光圈：F5.6 快门速度：1/250s 感光度：ISO100）

ISO感光度设置增量

如前所述，噪点的多少与 ISO 感光度的数值成正比，因此在调整 ISO 感光度数值时，设置的增量越小，则意味着对画面中出现的噪点数量控制越精细。可以通过"ISO 感光度设置增量"菜单来控制调整 ISO 感光度时其数值变化的级差。

■1/3级：选择此选项，每调整一挡则感光度以1/3级的幅度发生变化。

■1级：选择此选项，每调整一挡则感光度以1级的幅度发生变化。

高手点拨

如果图方便的话，可以选择"1级"；如果希望精确地控制感光度，可以选择"1/3级"。

❶ 在**自定义功能菜单** 1 中选择 ISO **感光度设置增量**选项

❷ 转动速控转盘◎可选择 ISO 感光度的增量

▲ 在拍摄城市夜景时，需要快速调整 ISO 数值，因此可以选择"1级"选项，从而在调整 ISO 数值时，快速得到目标值（焦距：17mm 光圈：F16 快门速度：11s 感光度：ISO400）

光线多变的情况下灵活使用自动感度功能

Canon EOS 7D Mark Ⅱ 的自动 ISO 感光度功能非常强大、好用，不仅可以在 M 挡下使用，并且能够设置最低和最高 ISO 感光度及最低的快门速度。许多摄影师都没有意识到这实际上是一个非常实用的功能，因为这可以实现拍摄时让光圈、快门速度同时优先的目标。

其操作方法也很简单，先切换到 M 挡手动曝光模式下，设置拍摄某一题材必须要使用的光圈及快门速度，然后将感光度设置为 AUTO（即自动感光度），则相机即可根据光线强度以及摄影师设定的光圈、快门速度，选择合适的 ISO 感光度数值。

例如，在拍摄婚礼现场时，摄影师需要灵活移动才能捕捉到精彩的瞬间，因此很多时候无法使用三脚架。而现场的光线又忽明忽暗，此时，如果使用快门优先模式，则有可能出现镜头最大光圈无法满足曝光要求的情况；而如果使用光圈优先模式，又有可能出现快门过慢导致照片模糊的情况。因此，使用自动感光度功能并将快门设为安全快门，就能够灵活使用 Canon EOS 7D Mark Ⅱ 强大的高感光度低噪点功能从容进行拍摄。

当使用自动感光度设置时，在"自动 ISO 范围"选项中可以设置 ISO100~ISO16000 的感光度范围，在低光照条件下，为了避免快门速度过慢，可以将最大 ISO 感光度设为 ISO3200 或 ISO6400。

❶ 在**拍摄菜单 2** 中选择 ISO **感光度设置**选项

❷ 转动速控转盘◎选择**自动** ISO **范围**选项

❸ 选择**最小**或**最大**选项，并按下 SET 按钮，转动速控转盘◎可调整其数值

❹ 转动速控转盘◎选择**最低快门速度**选项

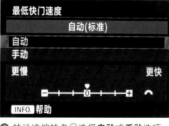

❺ 转动速控转盘◎选择**自动**或**手动**选项，当选择了自动选项时，转动主拨盘🝰可以设置相对于标准速度的所需速度

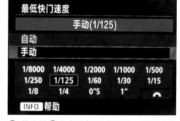

❻ 若在第❺步中选择**手动**选项，则转动主拨盘🝰选择所需快门速度

◀ 在婚礼摄影中，无论是在灯光昏黄的家居室内，还是灯光明亮的宴会大厅拍摄，使用自动感光度都能够得到相当不错的拍摄效果

实拍应用：使用高感光度捕捉运动对象

在拍摄动物等运动对象时，除非其处于静止状态，否则都应该用高速快门来捕捉其或精彩、或难得一见的瞬间动态。启用高速快门的必备条件之一就是曝光要充分，如果拍摄时光线充足，采用这种拍摄技法并非难事；但如果拍摄时身处密林之中或室内，则光线会相对较暗，此时就需要使用高感光度来提高快门速度，以"先拍到，后拍好"为原则进行抓拍。

Canon EOS 7D Mark Ⅱ号称"瞬间捕手"，在抓拍运动对象方面有强大优势，为了实现较高的快门速度，在光线不太充足的情况下，一定要调高感光度，以实现高速连拍。

▲ 在正确曝光的前提下，通过提高感光度来提高快门速度，成功地捕捉到了鸟儿展翅欲飞的精彩瞬间（焦距：340mm　光圈：F5.6　快门速度：1/1600s　感光度：ISO1000）

实拍应用：使用低感光度拍摄丝滑的水流

在风光摄影佳片中常见到丝般的溪流、瀑布、海浪效果，要拍摄这样的照片，首先将快门速度设置为一个较低的数值，然后再进行测光、构图、拍摄。

例如用1/4~2s左右的曝光时间拍摄溪流，就能够得到不错的画面效果，但如果拍摄时光线非常充分，则即使使用最小的光圈，快门速度也可能仍然较高，从而无法拍摄出丝质般的流水效果，此时可以将ISO感光度数值设置成为最低的数值（ISO100），从而降低快门速度。如果按此方法仍然无法拍摄出丝质般的流水效果，则要考虑在镜头前加装中灰镜。

▲ 为了降低快门速度，拍摄时使用了ISO100的感光度，从而获得了非常梦幻的水流效果（焦距：18mm　光圈：F14　快门速度：3s　感光度：ISO100）

高手点拨

当快门速度较低时，一定要使用三脚架或将相机放在较平坦的地方，使用遥控器进行拍摄，最次也要持稳相机倚靠在树或石头上，以尽量保证拍摄时相机的稳定性。

利用高ISO感光度降噪功能减少噪点

C anon EOS 7D Mark Ⅱ在噪点控制方面比较出色。但在使用高感光度拍摄时，画面中仍然会有一定的噪点，此时就可以通过高 ISO 感光度降噪功能对噪点进行不同程度的消减。

■关闭：不执行高ISO感光度降噪功能，适用于采用RAW格式保存照片的情况。

■标准：标准降噪幅度，照片的画质会略受影响，适用于采用JPEG格式保存照片的情况。

■ 弱：降噪幅度较弱，适用于直接采用JPEG格式保存照片且不对照片做调整的情况。

■强：降噪幅度较大，适合在弱光环境下拍摄时使用。

■多张拍摄降噪：选择此选项，相机将连续拍摄4张照片，并自动合成为一张JPEG照片。执行比"高"选项更高的降噪幅度。

❶ 在**拍摄菜单** 3 中选择**高** ISO **感光度降噪功能**选项

❷ 转动速控转盘◎可选择不同的降噪幅度

Ｑ 为什么在提高感光度时画面会出现噪点？

Ａ 数码单反相机感光元件的感光度最低值通常是 ISO100 或 ISO200，这是数码相机的基准感光度。如果要提高感光度，就必须通过相机内部的放大器来实现，因为 CCD 和 CMOS 等感光元件的感光度是固定的。当相机内部的放大器在工作时，相机内部电子元器件间的电磁干扰就会增加，从而使相机的感光元件出现错误曝光，其结果就是画面中出现噪点，与此同时相机宽容度的动态范围也会变小。

Ｑ 是不是使用的感光度越低，出现噪点的概率就越低？

Ａ A：这个问题的答案可能跟许多影友想象中的答案不同。即当所使用的感光度低于感光元件的标准感光度数值 ISO 100 或 ISO 200 时，画面中也有可能出现噪点，这是因为如果设定的感光度低于基准感光度，相机也需要依靠电流放大器来降低感光度，所以也会由于电流信号的原因，使画面可能出现噪点。

焦距：200mm 光圈：F5.6 快门速度：1/1600s 感光度：ISO320

Chapter 08

掌握对焦设定

认识Canon EOS 7D Mark Ⅱ的对焦系统

理解对焦点

从被摄对象的角度来说，对焦点就是相机在拍摄时合焦的位置，例如，在拍摄花卉时，如果对焦点选在花蕊上，则最终拍摄出来的照片中花蕊部分就是最清晰的。从相机的角度来说，对焦点是在液晶监视器及取景器上显示的数个方框。在拍摄时，摄影师需要使相机的对焦框与被摄对象的对焦点准确合一，以指导相机在拍摄时应该对那一部分进行合焦。

在设计相机时，厂家已经根据产品的定位、目标人群，定义了相机的对焦点数量。例如，Canon EOS 650D 有 9 个对焦点，Canon EOS 70D 作为中高级的 APS-C 画幅数码单反相机有 19 个对焦点，而顶级全画幅相机 Canon EOS 1Dx 与准专业级全画幅相机 Canon EOS 5D Mark Ⅲ 则都有多达 65 个对焦点。

由于 Canon EOS 7D Mark Ⅱ 被定位于专门用于拍摄快速运动的对象，因此具有 65 个对焦点。单纯从相机的角度来看，对焦点的数量越多，其对焦性能也就越强，由此也不难理解，高端的数码单反相机，配备的对焦点数量也比较多。

▲ 利用中间的对焦点对花蕊部分进行对焦，拍摄出花朵清晰，前景及背景模糊的漂亮照片（焦距：300mm 光圈：F6.3 快门速度：1/125s 感光度：ISO400）

强大的65点对焦系统

在佳能的整个产品体系中，EOS-1D 系列机型由于具有高密度多点自动对焦系统，被众多专业摄影师广泛应用于各种拍摄场合，并创作出了大量摄影佳作。单纯从对焦点数量方面来看，Canon EOS 7D Mark Ⅱ 的对焦系统比 EOS-1D 系列相机更强大，具有 65 个十字对焦点。

右图展示了 Canon EOS 7D Mark Ⅱ 的 65 个对焦点的分布情况，可以看出 65 个对焦点密集地排列在取景器的中间，使 Canon EOS 7D Mark Ⅱ 能够在拍摄时，能够实现自由而精确的对焦，这 65 个对焦点可分为如下 2 类：

处于中央位置的对焦点在 F5.6 十字对焦点的基础上，斜向配置了 F2.8 的双对角线型对焦点，因此此对焦点对焦点是一个 F5.6+F2.8 双十字形自动对焦点。

其他 64 个对焦点是 F5.6 十字形对焦点。

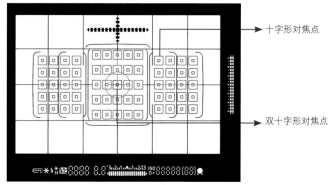

▲ Canon EOS 7D Mark Ⅱ 对焦点分布情况

了解一字形、十字形及双十字形对焦点

虽然，在上面的讲解中，只提到了十字形及双十字形，但实际上对焦点的类型还包括一字形，作为摄影师不仅要了解十字形及双十字形，还应该了解关于一字形对焦点的基本概念，以扩展自己的知识面，因此下面将一并讲解这三种类型的对焦点。对任何一个对焦点来说，都对应着相应的对焦感应器，而一字形、十字形和双十字形正是对焦感应器的分类，只是在交流、沟通中，摄影师总是习惯于将对焦点称为某种类型的对焦点。

■一字形对焦点：即对焦感应器呈现"一"字形状，其中又可分为水平和垂直两种一字形对焦感应器，水平一字形对焦感应器对垂直的线条敏感，因此若拍摄的画面有垂直线条，则可以较好地合焦；同理，垂直一字形对焦感应器则是对水平的线条敏感。

■十字形对焦点：即对焦感应器呈现"十"字形状，十字形对焦点采用一个水平对焦感应器和一个垂直对焦感应器，两者呈90°垂直排列，能够同时对画面中的垂直及水平线条作出反应，可以大大提高对焦的成功率和准确性。

■双十字形：又称为八向双十字形，即在十字形对焦点的基础上，再增加两个呈"x"字形排列的对焦感应器，对焦感应器最终呈现为"米"字形状，这种对焦点能够进一步提高对焦的精度。

总的来说，这三种对焦点的对焦能力是递增的，即一字形＜十字形＜双十字形。

通常，高端相机的十字对焦点及双十字对焦点比中端、低端相机多。例如，在佳能中低端数码单反相机，只有中央对焦点采用双十字形对焦感应器，其他的对焦焦则多是一字形对焦点。而全画幅相机 Canon EOS 5D Mark Ⅲ 包括 1D 系列相机，则有 5 个双十字对焦点，十字对焦点的数量也很多。

了解F2.8及F5.6各级别对焦点的意义

要使前面讲解的对焦点正常工作，还有一个不可忽视的因素，即镜头最大光圈。简单来说，要让不同类型的对焦感应器工作，必须满足其对不同光圈值的要求。对于 Canon EOS 7D Mark Ⅱ 来说，对焦感应器可分为 F2.8 及 F5.6 两种类型。

比如 F5.6 对焦感应器只能在镜头最大光圈大于等于 F5.6 时才能工作，若使用最大光圈为 F8 的镜头拍摄，则无法使用该对焦点实现自动对焦。同理，F2.8 对焦感应器只能在镜头最大光圈大于等于 F2.8 时才能工作，若镜头的最大光圈仅为 F3.5，则无法使 F2.8 对焦感应器进行自动对焦。

对于对焦感应器来说，其要求的最大光圈越大，说明其对焦精度越高，即 F2.8 对焦感应器 >F5.6 对焦感应器。但需要指出是，光圈值越大对焦速度也越慢，因此，由 F2.8 对焦感应器及 F5.6 对焦感应器构成的双十字形对焦点能综合两者优势，实现既快速又精确的自动对焦。

需要特别注意的是，能否使不同光圈级别的对焦点发挥作用，取决于摄影师所使用的镜头。镜头的最大光圈越大，越能够使相机的全部对焦点发挥功用；否则，只能够使一部分对焦点发挥功用，这跟在拍摄时使用的最大光圈值没有关系。例如对于佳能 EF 24-70mm F2.8 L Ⅱ USM 镜头，它全程都可以使用 F2.8 的最大光圈，因此，当将其安装在 Canon EOS 7D Mark Ⅱ 上时，就可以启用双十字对焦感应器。而对于佳能 EF-S 18-55mm F3.5-5.6 IS Ⅱ USM 镜头，其最大光圈的区间为 F3.5 ～ F5.6，也就是说，在任何焦段下，它都达不到 F2.8 的光圈，因此就无法启用双十字形对焦感应器。这也是为什么对于 Canon EOS 7D Mark Ⅱ 这样的相机而言，应该配红圈镜头而不是狗头的原因，只有红圈镜头才充分发挥 Canon EOS 7D Mark Ⅱ 在对焦方面的优势。

▲ 佳能 EF 24-70mm F2.8 L Ⅱ USM ▲ 佳能 EF-S 18-55mm F3.5-5.6 IS Ⅱ USM

焦距：190mm 光圈：F2.8 快门速度：1/125s 感光度：ISO4000

选择自动对焦模式

如 果说了解测光可以帮助我们正确还原影调与色彩的话，那
么选择正确的对焦模式，则可以帮助我们获得清晰的影像，
而这恰恰是拍出好照片的关键环节之一，因此，了解各种对焦模式的
特点及适用场合是非常重要的。

拍摄静止对象选择单次自动对焦（ONE SHOT）

在单次自动对焦模式下，相机在合焦（半按快门时对焦成功）之
后即停止自动对焦，此时可以保持半按快门的状态重新调整构图。

这种对焦模式是风光摄影中最常用的对焦模式之一，特别适合于
拍摄静止的对象，例如山峦、树木、湖泊、建筑等。当然，在拍摄人像、
动物时，如果被摄对象处于静止状态，也可以使用这种对焦模式。

实拍操作：按下 **DRIVE·AF** 按钮，然后转动
主拨盘，可以在 3 种自动对焦模式间
切换

高手点拨

使用3种自动对焦模式拍摄时，如果合焦，则自动对焦点将以红色闪
动，取景器中的合焦确认指示灯也会被点亮。

▲ 使用单次自动对焦模式拍摄静止的对象，画面焦点清晰、色彩艳丽

拍摄运动对象选择人工智能伺服自动对焦（AI SERVO）

选择人工智能伺服自动对焦模式后，当摄影师半按快门合焦后，保持快门的半按状态，相机会在对焦点中自动切换以保持对运动对象的准确合焦状态，如果在这个过程中被摄对象的位置发生了较大的变化，只要移动相机使自动对焦点保持覆盖主体，就可以持续进行对焦。

这种对焦模式较适合拍摄运动中的鸟、昆虫、人等对象。

▲ 使用人工智能伺服自动对焦模式拍摄起飞的鸟儿，通过移动相机使自动对焦点保持覆盖主体，可以确保拍摄到清晰的主体（焦距：400mm 光圈：F8 快门速度：1/1600s 感光度：ISO400）

拍摄动静不定的对象选择人工智能自动对焦（AI FOCUS）

人工智能自动对焦模式适用于无法确定拍摄对象是静止还是运动状态的情况，此时相机会自动根据拍摄对象是否运动来选择单次自动对焦还是人工智能伺服自动对焦。

例如，在动物摄影中，如果所拍摄的动物暂时处于静止状态，但有突然运动的可能性，此时应该使用该对焦模式，以保证能够将拍摄对象清晰地捕捉下来。在人像摄影中，如果模特不是处于摆拍的状态，随时有可能从静止变为运动状态，也可以使用这种对焦模式。

高手点拨

使用前面所讲述的3种自动对焦模式拍摄，当相机无法自动对焦时，应从以下几方面进行检查：①检查镜头上的对焦模式开关，如果镜头上的对焦模式开关被置于MF位置，将不能自动对焦，将镜头上的对焦模式开关转至AF即可；②确保稳妥地安装了镜头，如果没有稳妥地安装镜头，则有可能无法正确对焦；③查看"自定义菜单3"中的"自定义控制按钮"选项，可能在此处执行过相关设置操作，使快门在半按状态下只执行测光操作。

使用人工智能自动对焦模式拍摄动静不定的蝴蝶时，更容易保证画面的焦点清晰（焦距：200mm 光圈：F4 快门速度：1/1250s 感光度：ISO2000）

控制自动对焦辅助光

利用"自动对焦辅助光闪光"菜单可以控制是否开启相机的自动对焦辅助光。在弱光环境下拍摄时，由于对焦很困难，因此可以开启自动对焦辅助光照亮被摄对象，以辅助对焦。

- 启用：选择此选项，将会发射自动对焦辅助光。
- 关闭：选择此选项，将不发射自动对焦辅助光。
- 只发射外接闪光灯自动对焦辅助光：选择此选项，将只有使用外接闪光灯时，才会发射自动对焦辅助光。相机的内置闪光灯则不发射自动对焦辅助光。
- 只发射红外自动对焦辅助光：选择此选项，只有具有红外线自动对焦辅助光的闪光灯能发射光线。这样可以防止使用装备有LED灯的EX系列闪光灯时，自动打开LED灯进行辅助自动对焦。

❶ 在**对焦菜单** 3 中选择**自动对焦辅助光发光**选项

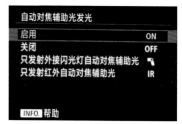

❷ 转动速控转盘〇选择不同的选项

使用手动对焦准确对焦

在摄影中，如果遇到下面的情况，相机的自动对焦系统往往无法准确对焦，此时应该使用手动对焦功能。

- 画面主体处于杂乱的环境中，例如拍摄杂草后面的花朵。
- 画面属于高对比、低反差的画面，例如拍摄日出、日落。
- 弱光摄影，例如拍摄夜景、星空。
- 距离太近的题材，例如拍摄昆虫、花卉等。
- 主体被覆盖，例如拍摄动物园笼子中的动物、鸟笼中的鸟等。
- 对比度很低的景物，例如拍摄纯的蓝天、墙壁。
- 距离较近且相似程度又很高的题材。

高手点拨

要使用手动对焦功能，首先需要在镜头上将对焦方式从默认的AF自动对焦切换至MF手动对焦，拧动对焦环，直至在取景器中观察到的影像非常清晰为止，然后即可按下快门进行拍摄。有些镜头是支持全时手动对焦的，即在没有切换至MF 的情况下，也可以拧动对焦环进行手动对焦。如果镜头不支持全时手动对焦，切不可强行拧动对焦环，否则很可能损坏对焦系统。

实拍操作：将镜头上的对焦模式开关转至 MF 即可进行手动对焦

选择自动对焦区域选择模式

Canon EOS 7D Mark Ⅱ 拥有 65 个对焦点，其中包括了 64 个十字形对焦点，为更好地进行准确对焦提供了强有力的保障，但对焦点数量越多，选择对焦点时的操作就越繁琐。

Canon EOS 7D Mark Ⅱ 提供了 7 种自动对焦区域选择模式，摄影师可根据不同拍摄对象及拍摄条件，灵活选择使用这 7 种模式。

虽然 Canon EOS 7D Mark Ⅱ 提供了 7 种自动对焦区域选择模式，由于个人的拍摄习惯及拍摄题材不同，这些模式并非都是常用的，甚至有些模式几乎不会用到，因此可以在"选择自动对焦区域选择模式"菜单中自定义可选择的自动对焦区域选择模式，以简化拍摄时的操作。

实拍操作：按下自动对焦点选择按钮⊞，然后向右拨动自动对焦切换杆⌀或者按下 **M-Fn**，即可选择自动对焦区域选择模式

❶ 在**对焦菜单** 4 中选择**选择自动对焦区域选择模式**选项

❷ 转动速控转盘○即可选择常用的自动对焦区域选择模式

▲ 当以全景景别拍摄动物时，为了针对动物的眼睛进行准确对焦，通常会使用定点或单点自动对焦区域模式（焦距：200mm 光圈：F5.6 快门速度：1/400s 感光度：ISO100）

手动选择：定点自动对焦

在此模式下，摄影师可以在 65 个对焦点中手动选择自动对焦点，但此模式的对焦区域较小，因此适合进行更小范围的对焦。

例如隔着笼子拍摄动物时，可能需要使用更小的对焦点对笼子里面的动物进行对焦。又如，在体育摄影中经常需要对头盔下运动员的眼睛合焦，在这种情况下，很容易在眼睛附近的头盔帽檐部分合焦，造成对焦失误，这时使用定点自动对焦可以很好地完成合焦任务。

高手点拨

定点自动对焦的特性就是对很小的区域合焦，所以不适合使用人工智能伺服自动对焦模式捕捉快速移动的被摄体。

▲ 使用定点自动对焦功能，在针对铁丝网后人物的眼睛进行对焦时，可以确保其精准度（焦距：200mm　光圈：F3.5　快门速度：1/500s　感光度：ISO100）

手动选择：单点自动对焦

单点自动对焦是只使用一个手动选择的自动对焦点合焦的模式，在此模式下，摄影师可以手动选择对焦点的位置，Canon EOS 7D Mark Ⅱ 共有 65 个对焦点可供选择。此自动对焦区域模式与人工智能伺服自动对焦模式配合使用时，可连拍移动的被摄体。另外，在拍摄静物和风景时，单点自动对焦区域模式也特别有用。

高手点拨

此自动对焦区域模式在拍摄体育题材时经常被采用，其优点在于，当被摄体（如快速移动的运动员）从手动选择的自动对焦点上偏离时，相机能够自动切换到邻近（上、下、左、右或周围）的自动对焦点连续对被摄体合焦，因此适合拍摄移动速度快、一个自动对焦点很难连续追踪的被摄体。

扩展自动对焦区域（十字/周围）

这两种模式也可以理解为单点自动对焦手动选择模式的一个升级版，即仍然以手选单个对焦点的方式进行对焦，并在当前所选的对焦点周围，会有多个辅助对焦点进行辅助对焦，从而得到更精确的对焦结果。这两种模式的不同之处在于，扩展自动对焦区域（十字）是在当前对焦点的上、下、左、右扩展出几个辅助对焦点；而扩展自动对焦区域（周围）则是在当前对焦点周围扩展出几个辅助对焦点。

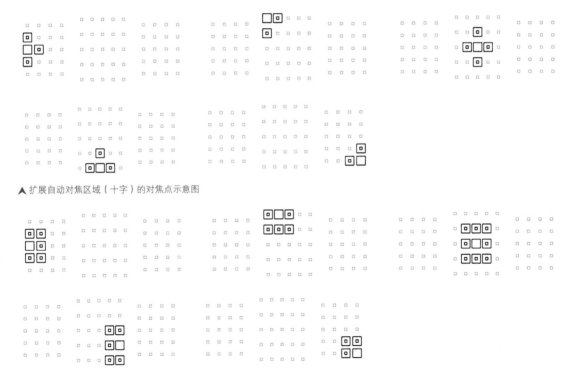

▲ 扩展自动对焦区域（十字）的对焦点示意图

▲ 扩展自动对焦区域（周围）的对焦点示意图

手动选择：区域自动对焦

在此模式下，相机的 65 个自动对焦点被划分为 9 个区域，每个区域中分布了 12 或 15 个对焦点，当选择某个区域进行对焦时，则此区域内的对焦点将自动进行对焦（类似 65 点自动对焦自动选择模式的工作方式）。

▲ 采用区域自动对焦手动选择模式选择不同区域时的状态

手动选择：大区域自动对焦

在此模式下，相机的 65 个自动对焦点被划分为左、中、右三个对焦区域，每个区域中分布了 20 或 25 个对焦点。由于此对焦模式的对焦区域比区域自动对焦更大，因此更易于捕捉运动的主体。但使用此对焦模式时，相机只会自动将焦点对焦于距离相机更近的被摄体区域上，因此无法精准指定对焦位置。

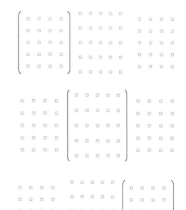

▲ 采用区域自动对焦手动选择模式选择不同区域时的状态

▲ 采用大区域自动对焦模式抓拍到了节日庆典时穿着节日服装的当地人（焦距：200mm 光圈：F5 快门速度：1/800s 感光度：ISO400）

自动选择：65点自动对焦

6 5点自动对焦是最简单的自动对焦区域模式，此时将完全由相机决定对哪些对象进行对焦（相机总体上倾向于对距离镜头最近的主体进行对焦），在主体位于前面或对对焦要求不高的情况下较为适用。如果是较严谨的拍摄，建议根据需要选择其他自动对焦区域模式。

高手点拨

使用65点自动对焦自动选择模式时，在单次自动对焦模式下，对焦成功后将显示所有成功对焦的对焦点；在人工智能伺服自动对焦模式下，将优先针对手选对焦点所在的区域进行对焦。在被摄体较小等情况下，有时无法合焦。

自动对焦区域选择方法

在此菜单中可以根据个人的操作习惯设置自动对焦区域的选择方法。

■ ⊞ → M-Fn按钮：选择此选项，在按下⊞按钮后，每次按M-Fn按钮或拨动自动对焦区域选择杆ᙘ，即可改变自动对焦区域选择模式。

■ ⊞ → 主拨盘：选择此选项，在按下⊞按钮后，每次转动主拨盘或拨动自动对焦区域选择杆ᙘ，即可改变自动对焦区域选择模式。

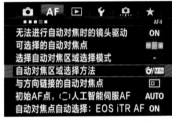

❶ 在**对焦菜单4**中选择**自动对焦区域选择方法**选项

❷ 转动速控转盘○选择不同的选项

▶ 摄影师根据自己的操作习惯选择选项，这样在拍摄时，就能熟练地切换自动对焦区域模式（焦距：100mm 光圈：F5 快门速度：1/60s 感光度：ISO1000）

手选对焦点的方法

在 使用 P、Tv、Av、M、B 曝光模式下，除 65 点自动对焦自动选择模式外，其他 6 种自动对焦区域模式都支持手动选择对焦点或对焦区域（区域自动对焦及大区域自动对焦模式），以便根据对焦需要进行选择。

在选择对焦点 / 对焦区域时，先按下机身上的自动对焦点选择按钮⊞，然后在液晶监视器上使用多功能控制钮在 8 个方向上设置对焦点的位置，如果垂直按下多功能控制钮，则可以选择中央对焦点 / 区域。

实拍操作：按下相机背面右上方的自动对焦点选择按钮⊞，然后拨动多功能控制钮❖，可以调整单个对焦点的位置

▲ 手选对焦点后，只需要对构图进行小幅调整即可进行拍摄，从而尽量避免重新构图时可能产生的失焦问题（焦距：100mm 光圈：F2.8 快门速度：1/800s 感光度：ISO100）

高手点拨

转动主拨盘可以在水平方向上切换对焦点，转动速控转盘◯可以在垂直方向上切换对焦点。

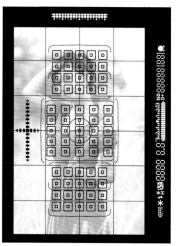

镜头与可用的自动对焦点数量

前面已经讲过，Canon EOS 7D Mark Ⅱ提供的是65点自动对焦系统，其中包括64个十字形对焦点以及1个双十字形对焦点，但安装不同镜头时，可利用的对焦点数量也不尽相同。

简单来说，镜头的最大光圈越大、发布日期越晚，则越可以充分利用65个自动对焦点及自动对焦区域模式；反之，镜头的最大光圈越小、发布日期越早，则可利用的对焦点及自动对焦区域模式就越少。

根据兼容对焦性能的不同，佳能镜头可以分为7组，如右侧的示意图所示。

高手点拨

由于本书篇幅有限，无法为每一组列出其相对应的镜头名称，因此，如果要查看自己所使用的镜头支持那一组自动对焦点数量，请查看相机说明书。

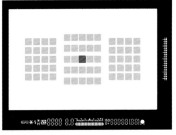

A组：可选择所有自动对焦区域模式
■ 对应F2.8和F5.6的双十字形自动对焦点
■ 对应F5.6的十字形自动对焦点

B组：可选择所有自动对焦区域模式
■ 对应F5.6的十字形自动对焦点

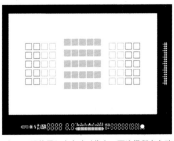

C组：可选择所有自动对焦区域模式
■ 对应F5.6的十字形自动对焦点
□ 对应F5.6的横向线条自动对焦点

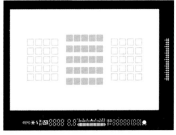

D组：可选择所有自动对焦区域模式
■ 对应F5.6的十字形自动对焦点
□ 对应F5.6的横向线条自动对焦点

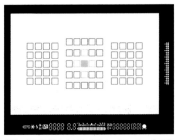

E组：只可使用45个自动对焦点；可选择所有自动对焦区域模式
■ 对应F5.6的十字形自动对焦点
□ 对应F5.6的横向线条自动对焦点
□ 无法使用的自动对焦点

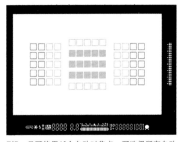

F组：只可使用45个自动对焦点；可选择所有自动对焦区域模式
■ 对应F5.6的十字形自动对焦点
□ 对应F5.6的竖向线条或横向线条自动对焦点
□ 无法使用的自动对焦点

G组：只可使用中央对焦点及上、下、左、右对焦点；只可以使用单点、定点及扩展自动对焦区域（十字）自动对焦区域模式
■ 对应F5.6的十字形自动对焦点
□ 对应F5.6的竖向线条或横向线条自动对焦点
□ 无法使用的自动对焦点

无法进行自动对焦时的镜头驱动

此 菜单用于设置自动对焦系统无法合焦时是否允许相机继续进行搜索对焦。

此功能在使用超长焦镜头拍摄时特别有用，因为超长焦镜头的对焦行程更长，如果强行进行对焦搜索，可能会导致严重的脱焦，进而使下次对焦时要用更长的时间，在这种情况下建议将其设置为"停止对焦搜索"。

❶ 在**对焦菜单 4** 中选择**无法进行自动对焦时的镜头驱动**选项

❷ 转动速控转盘○选择不同的选项

■继续对焦搜索：选择此选项，相机将继续进行对焦，直至对焦成功为止。

■停止对焦搜索：选择此选项，若在一定时间内无法合焦，则相机会停止对焦。

设置自动对焦点数量

虽然 Canon EOS 7D Mark Ⅱ 提供了多达 65 个对焦点，但并非拍摄所有题材时都需要使用这么多的对焦点，我们可以根据实际拍摄需要选择可用的自动对焦点数量。例如在拍摄静止人像或静物时，使用 21 个甚至 9 个对焦点就完全可以满足拍摄需求了。在这种情况下，摄影师可以通过设置"可选择的自动对焦点"选项，将对焦点缩减到 21 个，以避免由于对焦点过多而导致手选对焦点时效率较低。

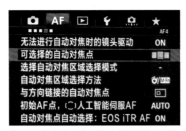

❶ 在**对焦菜单 4** 中选择**可选择的自动对焦点**选项

❷ 转动速控转盘○选择不同的选项

▲ 65 个自动对焦点

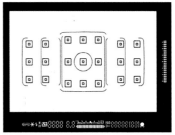

▲ 21 个自动对焦点

▲ 9 个自动对焦点

与方向链接的自动对焦点

在水平或垂直方向切换拍摄时，常常遇到的一个问题就是，在切换至不同的方向时，会使用不同的自动对焦点。在实际拍摄时，如果每次切换拍摄方向时都重新指定对焦点无疑是非常麻烦的，利用"与方向链接的自动对焦点"功能，可以实现在使用不同的拍摄方向拍摄时相机自动切换对焦点。

■水平/垂直方向相同：选择此选项，无论如何在横拍与竖拍之间进行切换，对焦点都不会发生变化。

■不同的自动对焦点：区域+点：选择此选项，将允许针对3种情况来设置自动对焦区域选择模式以及对焦点/区域的位置，即水平、垂直（相机手柄朝上）、垂直（相机手柄朝下）。当改变相机方向时，相机会切换到为该方向设定的自动对焦区域选择模式和手动选择的自动对焦点（或区域）。

■不同的自动对焦点：仅限点：此选项意义与"不同的自动对焦点：区域+点"基本相同，不同之处在于，对区域自动对焦模式、大区域自动对焦模式及65点自动对焦模式三个自动对焦模式无效。

❶ 在对焦菜单 4 中选择与方向链接的自动对焦点选项

❷ 转动速控转盘○选择不同的选项

◀ 水平握持时用中上方的对焦点对焦，以便于对焦到人像的眼睛位置，当选择"不同的自动对焦点"选项时，每次水平握持相机时，相机会自动切换到上次以此方向握持相机拍摄时使用的自动对焦点上

◀ 当"选择不同的自动对焦点"选项时，每次垂直（相机手柄朝上）握持相机时，相机会自动切换到上次以此方向握持相机拍摄时使用的自动对焦点上

◀ 当"选择不同的自动对焦点"选项时，每次垂直（相机手柄朝下）握持相机时，相机也会自动切换到上次以此方向握持相机拍摄时使用的自动对焦点上

手动选择自动对焦点的方式

该菜单用于确定手动选择自动对焦点时，对焦点到达对焦区域最外侧时是否停止。

■ 在自动对焦区域的边缘停止：选择此选项，自动对焦点到达自动对焦区域的边缘将停止。在经常使用位于边缘的自动对焦点时较为方便。

■ 连续：选择此选项，继续按多功能控制按钮时自动对焦点不会在外侧边缘停止（①），而是继续前进到相反一侧（②）。

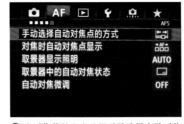

① 在**对焦菜单** 5 中选择**手动选择自动对焦点的方式**选项

② 转动速控转盘○选择不同的选项

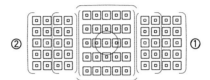

对焦时自动对焦点显示

此菜单用于控制对焦过程中自动对焦点是否在取景器中显示以及显示的方式等。

■ 选定（持续显示）：选择此选项，将在取景器中持续显示当前选中的对焦点。

■ 全部（持续显示）：选择此选项，将在取景器中持续显示全部的对焦点。

■ 选定（自动对焦前，合焦时）：选择此选项，将在手选对焦点、相机拍摄就绪时及对焦成功后，显示正在工作的自动对焦点。

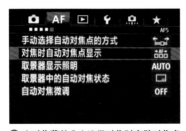

① 在**对焦菜单** 5 中选择**对焦时自动对焦点显示**选项

② 转动速控转盘○选择不同的选项

■ 选定（合焦时）：选择此选项，将在手选对焦点、开始自动对焦及对焦成功时显示自动对焦点。

■ 关闭显示：选择此选项，除了在手选对焦点时，其他情况下将不会在取景器中显示自动对焦点。

取景器显示照明

在弱光或拍摄对象的色彩与对焦点的色彩相近时，我们经常无法分辨当前的对焦点以及网格等元素，此时就可以通过"取景器显示照明"功能来解决这个问题。

- 自动：选择此选项，在弱光条件下，自动对焦点都将亮起红光。
- 启用：选择此选项，不管环境光照水平如何，自动对焦点都会亮起红光。
- 关闭：选择此选项，无论环境光照水平如何，自动对焦点都不会亮起红光。

● 在**对焦菜单**5中选择**取景器显示照明**选项

② 转动速控转盘○选择不同的选项

当设置为"自动"或"启用"时，可以按下☑按钮以设定人工智能伺服自动对焦期间，自动对焦点是否以红色闪烁。

▲ 在弱光环境下拍摄时，开启"取景器显示照明"功能，可以辅助摄影者更好地检查对焦点，是非常贴心的设置（焦距：24mm 光圈：F20 快门速度：30s 感光度：ISO200）

初始AF点，(⊂⊃)人工智能伺服AF

在人工智能伺服自动对焦模式下，当自动对焦区域模式设为"自动选择：65点自动对焦模式"时，可以通过此菜单来设定起始自动对焦点。

高手点拨

根据前文对"自动选择：65点自动对焦模式"所讲述的知识可知，选择这种对焦模式实际上就是希望由相机决定对哪些对象进行对焦，通常用于抓拍的情况。因此为了便于相机以更快的速度进行抓拍，建议选择"自动"选项。

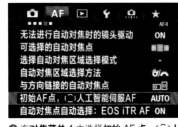

❶ 在**对焦菜单** 4 中选择**初始** AF **点，**(⊂⊃)**人工智能伺服** AF 选项

❷ 转动速控转盘◯选择所需的选项

■ 所选初始(⊂⊃)自动对焦点：选择此选项，起始对焦点则为手动选择的自动对焦点。

■ 手动◨▢·❖▦自动对焦点：选择此选项，如果是从"手动选择：定点自动对焦、手动选择：单点自动对焦、扩展自动对焦区域：十字或扩展自动对焦区域：周围"这4个区域模式切换为"自动选择：65点自动对焦模式"时，起始对焦点则为之前区域模式所选择的自动对焦点。

■ 自动：选择此选项，则起始对焦点会根据拍摄环境自动设定。

取景器中的自动对焦状态

如果在拍摄时按下了 AF-ON 按钮，或半按快门后相机完成合焦操作，则取景器中出现自动对焦状态指示图标。

根据个人偏好，可以利用此菜单设置自动对焦状态指示图标是显示在取景器范围内还是在取景器范围外。

选择"在视野内显示"选项时，则会在取景器范围的右下角，显示一个 AF 图标指示。

选择"在视野外显示"选项时，则在取景器下方对焦指示灯●的下面显示◣◢图标。

❶ 在**对焦菜单** 5 中选择**取景器中的自动对焦状态**选项

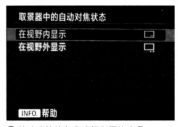

❷ 转动速控转盘◯选择所需的选项

▶ 在拍摄微距花卉时，注意查看对焦指示图标，以确认对焦情况（焦距：60mm 光圈：F5.6 快门速度：1/100s 感光度：ISO100）

自动对焦点自动选择：EOS iTR AF

<big>E</big>OS iTR AF 是一种较为先进的对焦功能，在此功能处于开启状态下时，如果相机以人工智能伺服自动对焦模式进行对焦，则相机能够记住开始对焦位置的被摄体颜色，然后通过切换自动对焦点追踪此颜色，以保持合焦状态；如果使用的是单次自动对焦模式，则相机能够更轻松地识别并对焦在人物的面部。

利用此菜单，可以开启或关闭此功能。

❶ 在**对焦菜单** 4 中选择**自动对焦点自动选择**：EOS iTR AF 选项

❷ 转动速控转盘 ◯ 选择所需的选项

■ 启用：选择此选项，相机会根据脸部及其他细节自动选择自动对焦点。

■ 关闭：选择此选项，则按常规方式进行自动对焦。

高手点拨

此功能仅在相机处于"手动选择：区域自动对焦、手动选择：大区域自动对焦及自动选择：65 点自动对焦"三种自动对焦区域模式下可以开启并使用。

▲ 在拍摄运动场景时，建议启用此功能以保证拍摄成功率（焦距：280mm　光圈：F4　快门速度：1/640s　感光度：ISO1000）

不同场合的自动对焦控制

anon EOS 7D Mark Ⅱ采用了源自Canon EOS 1Dx的自动对焦模块，在本节中讲解的"对焦菜单1"加入的自动对焦控制功能，它分为1~6种场合，以适应拍摄对象以不同方式运动时对焦控制参数的选择与设置要求。

场合1~6中所包含的参数及其代表的功能是相同的，在下面的讲解中，将仅在场合1中讲解这3个参数的作用。

场合1 通用多用途设置

此场合适合拍摄一般运动场面，在拍摄运动特征不明显或运动幅度较小的对象时，此功能较为适用。此场合中包括了3个对焦控制参数，下面分别讲解其作用。

❶ 在**对焦菜单**1中选择 Case1 选项，并按下 RATE 按钮进入其详细参数设置界面

❷ 转动速控转盘○选择**追踪灵敏度**选项

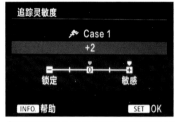
❸ 转动速控转盘○可选择不同的对焦灵敏度

■追踪灵敏度：设置此参数的意义在于，当被摄对象前方出现障碍对象时，通过此参数使相机"明白"，是忽略障碍对象继续跟踪对焦被摄对象，还是切换至对新被摄体（即障碍对象）进行对焦拍摄。选择此选项后，可以向左边的"锁定"或右边的"敏感"拖动滑块进行参数设置。当滑块位置偏向于"锁定"时，即使有障碍物进入自动对焦点，或被摄对象偏移了对焦点，相机仍然会继续保持原来的对焦位置；反之，

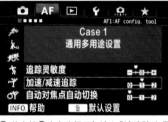
❹ 若在第❷步中选择了**加速/减速追踪**选项

❺ 转动速控转盘○可选择不同的对焦灵敏度

❻ 若在第❷步中选择了**自动对焦点自动切换**选项

❼ 转动速控转盘○可选择不同的对焦灵敏度

若滑块位置偏向于"敏感"方向，障碍对象出现后，相机的对焦点就会由原拍摄对象脱开，马上对焦在新的障碍对象上。

Q 追踪灵敏度设置是否越高越好？

A 一提到"灵敏度"，许多摄影爱好者会想当然地认为要对快速移动的被摄体进行准确合焦，就应该设定为"敏感"，其实这种理解是错误的。因为在此情况下相机的自动对焦系统会对出现在被摄对象与相机间的"障碍物"作出灵敏的反应，导致焦点立即脱离原始被摄体，并对焦到"障碍物"上。因此，如果需要追踪拍摄快速运动的同一被摄体，直接使用初始设定，或者设定为"锁定"更有效。

■加速/减速追踪：此参数用于设置当被摄对象突然加速或突然减速时的对焦灵敏度，数值越大，则当被摄对象突然加速或减速时，相机对其进行跟踪对焦的灵敏度越高。此参数的默认设置为0，适用于被摄体移动速度基本稳定或变化不大的拍摄情况。

■自动对焦点自动切换：此参数用于控制当对焦的对象进行大幅度上、下、左、右运动时，相机对其进行跟踪对焦的灵敏度，数值越大，则跟踪得越紧密，相机会根据被摄对象的运动情况快速地切换自动对焦点，以保持对焦的准确性。此参数仅在选择扩展自动对焦区域（十字）、扩展自动对焦区域（周围）、区域自动对焦、大区域自动对焦或65点自动对焦自动选择区域模式时有效，而在自动对焦区域选择模式中，只使用一个自动对焦点的"单点自动对焦"和"定点自动对焦"模式则不能使用。参数+1和+2适用于拍摄大幅度上、下、左、右移动的被摄体，此时当被摄体偏离手动选择的自动对焦点时，当前自动对焦点将主动地切换至周围自动对焦点对被摄体进行对焦，因此，如果想灵活运用相机的自动对焦点自动切换功能，推荐使用+2数值。如果选择"自动选择：65点自动对焦"自动对焦区域模式对被摄体连续对焦，推荐使用0的设置。

▲ 奔跑中的牛移动速度极快，因此非常容易脱焦，将追踪灵敏度设定为"锁定"后，可以确保对焦的精确度（焦距：52mm　光圈：F7.1　快门速度：1/400s　感光度：ISO200）

场合2 忽略可能的障碍物，连续追踪被摄体

选择此场合时，若主体脱离了对焦范围，或对焦范围内有其他物体出现，相机将优先针对之前对焦的主体进行跟踪，从而避免主体移动或出现障碍时相机的对焦系统受到干扰。此场合适合拍摄网球选手、蝶泳选手、自由式滑雪选手等运动对象。

❶ 在**对焦菜单** 1 中选择 Case2 选项，并按下 RATE 按钮进入其详细参数设置界面

❷ 转动速控转盘◯可选择并设置不同的参数

场合3 对突然进入自动对焦点的被摄体立刻对焦

选择此场合时，若对焦点范围内出现新的物体，则相机会自动切换对焦主体，即针对新出现的物体进行对焦；当主体脱离对焦点范围时，则可能会针对背景进行重新对焦。此场合适合拍摄赛车的起点 / 转弯、从高山急速向下运动的滑雪选手等运动对象。

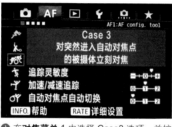

❶ 在**对焦菜单** 1 中选择 Case3 选项，并按下 RATE 按钮进入其详细参数设置界面

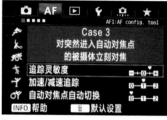

❷ 转动速控转盘◯可选择并设置不同的参数

赛场上的赛车速度都非常快，采用跟随拍摄并对焦的方法几乎不会成功，因此最好的方法就是采用场合 3 "对突然进入自动对焦点的被摄体立刻对焦"的方法进行对焦（焦距：130mm 光圈：F16 快门速度：1/100s 感光度：ISO100）

场合4 对于快速加速或减速的被摄体

选择此场合时，若拍摄对象出现突然的加速或减速运动，则相机会倾向于随着对象运动速度的改变而自动进行追踪。此场合适合拍摄足球、赛车、篮球等题材。

❶ 在**对焦菜单 1** 中选择 Case4 选项，并按下 RATE 按钮进入其详细参数设置界面

❷ 转动速控转盘◯可选择并设置不同的参数

足球、篮球、橄榄球类的比赛都富有节奏，忽而奔跑，忽而等待球的到来，因此使用场合 4 "对于快速加速或减速的被摄体" 是再合适不过的了（焦距：300mm　光圈：F5.6　快门速度：1/320s　感光度：ISO400）

场合5 对于向任意方向快速不规则移动的被摄体

选择此场合时，若拍摄对象出现向上、下、左、右的不规则运动，相机会随之自动进行跟踪对焦。

要注意的是，只有在选择扩展自动对焦区域（十字）、扩展自动对焦区域（周围）、区域自动对焦、区域自动对焦、大区域自动对焦及 65 点自动对焦自动选择模式时有效。此场合适合拍摄花样滑冰等题材。

❶ 在**对焦菜单 1** 中选择 Case5 选项，并按下 RATE 按钮进入其详细参数设置界面

❷ 转动速控转盘◯可选择并设置不同的参数

场合6 适用于移动速度改变且不规则移动的被摄体

此 场合相当于场合4与场合5的组合体，即当被摄对象移动速度发生变化，且运动又不规则时，选择此场合可以让自动对焦点追踪大幅变化的被摄主体。

此场合与场合5一样，只有在选择扩展自动对焦区域(十字)、扩展自动对焦区域(周围)、区域自动对焦、大区域自动对焦及65点自动对焦自动选择模式时有效。此场合适合拍摄艺术体操等题材。

❶ 在**对焦菜单** 1 中选择 Case6 选项，并按下 RATE 按钮进入其详细参数设置界面

❷ 转动速控转盘○可选择并设置不同的参数

人工智能伺服第一张图像优先

在使用人工智能伺服对焦模式拍摄动态的对象时，为了保证成功率，往往与连拍驱动模式组合使用，此时就可以根据个人的习惯来决定在拍摄第一张图像时，是优先进行对焦，还是优先保证快门释放。

❶ 在**对焦菜单** 2 中选择**人工智能伺服第一张图像优先**选项

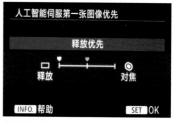

❷ 转动速控转盘○选择不同的选项

■ 释放优先：即将滑块移至"释放"端，将在拍摄第一张照片时优先释放快门，适用于无论如何都想要抓住瞬间拍摄机会的情况。但可能会出现尚未精确对焦即释放快门，从而导致照片脱焦的问题。

■ 同等优先：即将滑块移至中间位置，此时相机将采用对焦与释放均衡的拍摄策略，以尽可能拍摄到既清晰又能及时记录精彩瞬间的影像。

■ 对焦优先：即将滑块移至"对焦"端，相机将优先

▲ 在拍摄这种运动幅度不大的对象时，应选择"对焦优先"选项，以保证拍出清晰的画面(焦距：65mm 光圈：F16 快门速度：1/250s 感光度：ISO125)

进行对焦，直至对焦完成后，才会释放快门，因而可以清晰、准确地捕捉到瞬间影像。适用于要么不拍，要拍必须拍清晰的题材。

人工智能伺服第二张图像优先

此菜单用于设置使用人工智能伺服对焦模式连拍时，针对第二张照片，是以连拍速度优先还是对焦精度优先为原则进行拍摄。

■速度优先：即将滑块移至"速度"端，将在拍摄第二张照片时继续保持连拍速度，因此与在"人工智能伺服第一张图像优先"中选择"释放优先"相似，此时仍是牺牲部分对焦精度，而以释放快门为优先的原则来保持高速连拍状态。适用于想要以一定时间间隔进行连拍的情况。

■同等优先：即将滑块移至中间位置，此时相机将采用对焦与连拍释放均衡的拍摄策略，以尽可能拍摄到既清晰又能及时捕捉精彩瞬间的影像。

■对焦优先：即将滑块移至"对焦"端，相机将优先进行对焦，直至对焦完成后才会释放快门，因而可以清晰、准确地捕捉到瞬间的影像。选择此选项的缺点是，可能会由于对焦时间过长而错失精彩的瞬间。

❶ 在**对焦菜单** 2 中选择**人工智能伺服第二张图像优先**选项

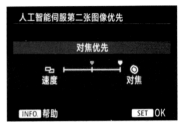

❷ 转动速控转盘◯选择不同的选项

▲ 在拍摄舞蹈表演这样精彩动作纷呈的题材时，可以将"人工智能伺服第一张图像优先"设置为"释放优先"，将"人工智能伺服第二张图像优先"设置为"对焦优先"，这样在拍摄时虽然第一张照片有可能拍虚，但在拍摄第二张照片时，在拍摄第一张图像所采取的对焦、机位的基础上稍加调整，即可获得准确的对焦，从而拍摄出精彩的照片（焦距：150mm　光圈：F5.6　快门速度：1/640s　感光度：ISO1000）

镜头电子手动对焦

对于采用了超声波马达的佳能镜头而言，如佳能 EF 85mm F1.2 L USM，可以在此菜单中设置启用手动对焦功能的方式。

■ 单次自动对焦后启用：选择此选项，在使用单次自动对焦模式成功对焦后，如果保持半按快门，可以直接拧动对焦环进行手动对焦。

■ 单次自动对焦后关闭：选择此选项，在使用单次自动对焦模式成功对焦后，相机将禁用手动对焦功能。

■ 自动对焦模式下关闭：选择此选项，若镜头上的自动对焦开关处于AF位置，相机将禁用手动对焦功能。

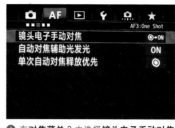

❶ 在**对焦菜单** 3 中选择**镜头电子手动对焦**选项

❷ 转动速控转盘◯选择不同的选项

佳能带有超声波马达镜头一览表		
EF 50mm F1.0 L USM	EF 300mm F2.8 L USM	EF 600mm F4 L USM
EF 85mm F1.2 L USM	EF 400mm F2.8 L USM	EF 1200mm F5.6 L USM
EF 85mm F1.2 L II USM	EF 400mm F2.8 L II USM	EF 28-80mm F2.8-4 L USM
EF 200mm F1.8 L USM	EF 500mm F4.5 L USM	
EF 40mm F2.8 L STM	EF-S 18-55mm F3.5-5.6 IS STM	EF-S 55-250mm F4.5-5.6 IS STM
EF-S 10-18mm F4.5-6.3 IS STM	EF-S 18-135mm F3.5-5.6 IS STM	

单次自动对焦释放优先

在 Canon EOS 7D Mark II 中，不只为人工智能伺服对焦模式提供了多个设置选项，同时也为单次自动对焦模式提供了对焦或释放优先设置选项，以便满足用户多样化的拍摄需求。

例如，在一些弱光或不易对焦的场合，使用单次自动对焦模式拍摄时，也可能会出现无法对焦而导致错失拍摄时机的问题，此时就可以在此菜单中进行设置。

❶ 在**对焦菜单** 3 中选择**单次自动对焦释放优先**选项

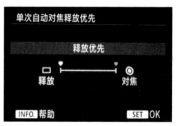

❷ 转动速控转盘◯选择不同的选项

■ 对焦优先：即将滑块移至"对焦"端，相机将优先进行对焦，直至对焦完成后才会释放快门，因而可以清晰、准确地捕捉到瞬间影像。选择此选项的缺点是，可能会由于对焦时间过长而错失精彩的瞬间。

■ 释放优先：即将滑块移至"释放"端，将在拍摄时优先释放快门，以保证抓取到瞬间影像，但此时可能会出现尚未精确对焦即释放快门，而导致照片脱焦变虚的情况。适用于无论如何都想要抓住瞬间拍摄机会的情况，如突发事件、绝无仅有的场景等。

一键完成对焦设置的操作技巧

一键切换单次自动对焦与人工智能伺服自动对焦

当拍摄主体处于不断运动和停止时，需要摄影师频繁地在单次自动对焦和人工智能伺服自动对焦之间切换，此时可以通过 Canon EOS 7D Mark Ⅱ 的一键切换单次自动对焦与人工智能伺服自动对焦功能，使对焦模式的切换操作更流畅、方便。

完成设置后，在单次自动对焦模式下，如果按住已分配该功能的按钮，则相机会快速切换成人工智能伺服自动对焦模式。在人工智能伺服自动对焦模式下，只有持续地按下此按钮，相机才切换为单次自动对焦模式。

❶ 在**自定义菜单** 3 中选择**自定义控制按钮**选项

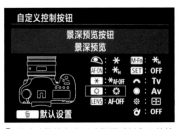

❷ 转动速控转盘◎可选择要重新定义的按钮，在此笔者选择的是景深预览按钮

❸ 旋转速控转盘◎，选择**单次自动对焦⇄人工智能伺服自动对焦**选项

焦距：70mm　光圈：F3.2　快门速度：1/400s　感光度：ISO100

焦距：70mm　光圈：F3.5　快门速度：1/640s　感光度：ISO100

▲ 被拍摄的小男孩有时活泼好动，有时静止不动，为了适应这种动静不停转换的状态，摄影师可以利用一键切换单次自动对焦与人工智能伺服自动对焦的技巧，充分挖掘 Canon EOS 7D Mark Ⅱ 功能强大对焦系统的潜力

一键切换自动对焦点

在 Canon EOS 7D Mark II 中可以利用"自定义控制按钮"菜单先注册好使用频率较高的自动对焦点，以便在以后的拍摄过程中，如果遇到了需要使用此自动对焦点才可以准确对焦的情况，通过按下自定义的按钮，可以马上切换到已注册好的自动对焦点，从而使拍摄操作更加流畅、快捷。

❶ 在**自定义菜单**3 中选择**自定义控制按钮**选项

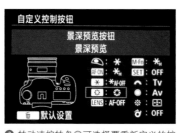

❷ 转动速控转盘○可选择要重新定义的按钮，在此笔者选择的是景深预览按钮

❸ 转动速控转盘○选择**切换到已注册的自动对焦点**选项

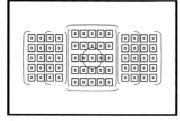

❹ 手动选择自动对焦点（使用除区域自动对焦及大区域自动对焦模式以外的自动对焦区域选择模式）

❺ 按住⊞按钮的同时按下☀按钮，可在相机中注册所选自动对焦点

❻ 在拍摄时要使用此功能，只需要按下第❷步中被分配好功能的按钮，如在此处被分配的是景深预览按钮

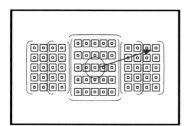

❼ 则第❹步中定义的对焦点就会被激活，成为当前使用的对焦点

▲ 当第一个选手从左侧进入画面时，利用左上角的对焦点进行对焦拍摄

▲ 当第二个选手从右侧进入画面时，通过按下分配了"切换到已注册的自动对焦点"的按钮，即可快速切换到已注册的右上角的对焦点进行对焦拍摄

一键设置重要的对焦参数与选项

在摄影时，摄影师可通过设置"选择自动对焦区域选择模式"、"追踪灵敏度"、"加速／减速追踪"、"自动对焦点自动切换"、"人工智能伺服第一张图像优先"和"人工智能伺服第二张图像优先"选项来控制相机的对焦性能。但如果要设置这些选项，就需要分别切换到不同菜单层级中，因此操作起来略显麻烦。

利用"自定义控制按钮"菜单，则可以实现一键设置重要对焦参数与选项的效果。拍摄时只需要按下此按钮，即可在液晶监视器中设置上述参数与选项。

灵活运用此功能，摄影师在时间紧迫但又必须重新设置各个对焦参数与选项的情况下，能够达到快速改变相机对焦性能的目的。

❶ 在**自定义菜单 3** 中选择**自定义控制按钮**选项

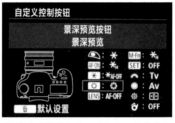

❷ 转动速控转盘〇可选择景深预览按钮，按下 SET 按钮

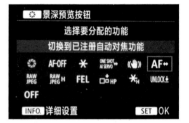

❸ 转动速控转盘〇选择**切换到已注册自动对焦功能**选项

❹ 按下 **INFO.** 按钮，会出现"切换到已注册自动对焦功能"设置界面

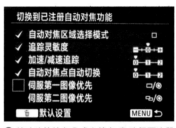

❺ 转动速控转盘〇或主拨盘△△选择要注册的选项，然后按下 SET 按钮以添加勾选标记√

❻ 当选择不同的选项并按下 SET 按钮时，可以设定其参数

❼ 转动速控转盘〇进行修改，然后按下 SET 按钮

❽ 还可以对其他选项进行修改，当修改完成后按下 MENU 按钮退出

焦距：35mm 光圈：F16 快门速度：1/60s 感光度：ISO100

Chapter 09

掌握创意图像拍摄设定

如何调用创意图像功能

anon EOS 7D Mark Ⅱ 具有创意图像功能，只要按下 MENU 按钮下方的创意图像按钮✍️，通过转动主拨盘🎛️或速控转盘◎，即可选择三个创意图像选项，从左至右分别是照片风格、多重曝光和 HDR 模式，下面分别讲解其作用。

❶ 按下创意图像按钮✍️

❷ 在显示屏中可以选择三种创意图像选项

设置照片风格修改照片色彩

使用预设照片风格

根据不同的拍摄题材，可以选择相应的照片风格，从而实现更佳的画面效果。Canon EOS 7D Mark Ⅱ 提供了自动、标准、人像、风光、中性、可靠设置、单色等照片风格。

- 自动：使用此风格拍摄时，色调将自动调节为适合拍摄场景，尤其是拍摄蓝天、绿色植物以及自然界的日出和日落场景时，色彩会显得更加生动。
- 标准：此风格是最常用的照片风格，使用该风格拍摄的照片画面清晰、色彩鲜艳、明快。
- 人像：使用该风格拍摄人像时，人的皮肤会显得更加柔和、细腻。
- 风光：此风格适合拍摄风光，对画面中的蓝色和绿色有非常好的展现。
- 中性：此风格适合偏爱电脑图像处理的用户，使用该风格拍摄的照片色彩较为柔和、自然。
- 可靠设置：此风格也适合偏爱电脑图像处理的用户，当在5200K色温下拍摄时，相机会根据主体的颜色调节色彩饱和度。
- 单色：使用该风格可拍摄黑白或单色的照片。

❶ 在**拍摄菜单 3** 中选择**照片风格**选项

❷ 转动速控转盘◎选择需要的照片风格，然后按下 SET 按钮确认即可

高手点拨

在拍摄时，如果拍摄题材常有大的变化，建议使用"标准"风格，比如在拍摄人像题材后再拍摄风光题材时，这样就不会造成风光照片不够锐利的问题，属于比较中庸和保险的选择。

使用人像风格拍摄的照片，画面显得更加细腻、柔和、自然（焦距：85mm　光圈：F1.8　快门速度：1/400s　感光度：ISO200）

修改预设的照片风格参数

在前面讲解的预设照片风格中，用户可以根据需要修改其中的参数，以满足个性化的需求。在选择某一种照片风格后，按下机身上的INFO.按钮即可进入其详细设置界面。

❶ 在**拍摄菜单**3中选择**照片风格**选项

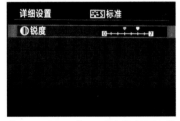

❷ 转动速控转盘○选择要修改的照片风格，然后按下INFO.按钮

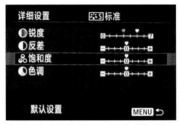

❸ 转动速控转盘○选择要编辑的参数，然后按下 SET 按钮

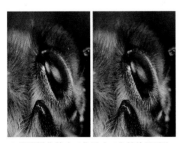

❹ 转动速控转盘○可调整参数的数值，按下 SET 按钮确认对参数的修改

❺ 按照类似的方法，还可以对反差、饱和度、色调等参数进行调整。调整完毕后，直接按快门按钮或 MENU 按钮返回上一级菜单即可

■锐度：控制图像的锐度。转动速控转盘○向〇端靠近则降低锐度，图像变得越来越模糊；转动速控转盘○向〇端靠近则提高锐度，图像变得越来越清晰。

▲ 设置锐化前（+0）后（+4）的效果对比

■反差：控制图像的反差及色彩的鲜艳程度。转动速控转盘◎向█端靠近则降低反差，图像变得越来越柔和；转动速控转盘◎向█端靠近则提高反差，图像变得越来越明快。

焦距：100mm 光圈：F2.8 快门速度：1/320s 感光度：ISO400

-1

+3

▲ 设置反差前（-0）后（+3）的效果对比

■饱和度：控制色彩的鲜艳程度。转动速控转盘◎向█端靠近则降低饱和度，色彩变得越来越淡；转动速控转盘◎向█端靠近则提高饱和度，色彩变得越来越艳。

▲ 设置饱和度前（+0）后（+3）的效果对比

■色调：控制画面色调的偏向。转动速控转盘○向■端靠近则越偏向于红色调；转动速控转盘○向⊞端靠近则越偏向于黄色调。

▲ 向左增加红色调与向右增加黄色调的效果对比

值得一提的是，在"单色"风格下，还可以选择不同的滤镜及色调效果，从而拍出更有特色的黑白或单色照片效果。在"滤镜效果"选项中，可选择无、黄、橙、绿等色彩，从而在拍摄过程中，针对这些色彩进行过滤，得到更亮的灰色甚至白色。

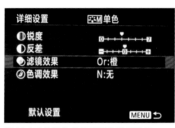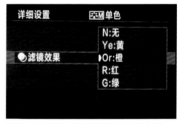

❶ 在**拍摄菜单**3中选择**照片风格**选项，然后选择**单色**照片风格选项

❷ 转动速控转盘○选择**滤镜效果**选项

❸ 转动速控转盘○选择需要过滤的色彩

■N:无：没有滤镜效果的原始黑白画面。

■Ye:黄：可使蓝天更自然、白云更清晰。

■Or:橙：压暗蓝天，使夕阳的效果更强烈。

■R:红：使蓝天更暗、落叶的颜色更鲜亮。

■G:绿：可将肤色和嘴唇的颜色表现得很好，使树叶的颜色更加鲜亮。

▲ 选择"标准"照片风格时拍摄的效果

▲ 选择"单色"照片风格时拍摄的效果

▲ 设置"滤镜效果"为"红"时拍摄的效果

在"色调效果"选项中可以选择无、褐、蓝、紫、绿等多种单色调效果。

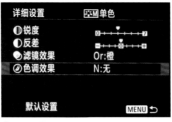 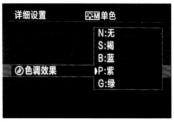

❶ 在**拍摄菜单** 3 中选择**照片风格**选项，然后选择**单色**照片风格选项

❷ 转动速控转盘○选择**色调效果**选项

❸ 转动速控转盘○选择需要增加的色调效果

- ■N:无：没有偏色效果的原始黑白画面。
- ■S:褐：画面呈现褐色，有种怀旧的感觉。
- ■B:蓝：画面呈现偏冷的蓝色。
- ■P:紫：画面呈现淡淡的紫色。
- ■G:绿：画面呈现偏绿色。

▼ 原图及选择褐色、蓝色时得到的单色照片效果

褐色

原图

蓝色

注册照片风格

所谓注册照片风格，即指对 Canon EOS 7D Mark Ⅱ 相机提供的 3 个用户定义的照片风格，依据现有的预设风格进行修改，从而得到用户自己创建、编辑、能满足个性化需求的照片风格。

❶ 在**拍摄菜单** 3 中选择**照片风格**选项

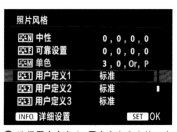

❷ 选择**用户定义 1~ 用户定义** 3 中的一个选项

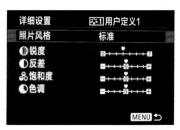

❸ 选择**照片风格**选项，并按下 SET 按钮确认

❹ 转动速控转盘〇指定以哪种照片风格为基础进行自定义照片风格

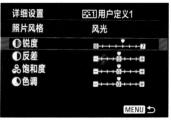

❺ 转动速控转盘〇选择要自定义的参数

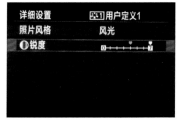

❻ 转动速控转盘〇修改选定的参数，然后按下 SET 按钮确认对该参数的修改

🅠 为了使拍出的照片更锐利，是否应该在任何情况下都将照片风格中的"锐度"设置得较高？

🅐 提高锐度并不一定能提高图像的解析度，将锐度设置得越高，照片越会显得不自然。在使用分辨率足够高的 Canon EOS 7D Mark Ⅱ 拍摄时，如果拍摄的是风光或微小物体，稍微降低锐度设置反而会使照片显得自然、通透，而较高的锐度设置则会使照片出现锯齿。

高手点拨

如前所述，使用Canon EOS 7D Mark Ⅱ拍摄时，设置的照片风格不同，所拍出照片的对比度、饱和度及明度都会发生较大的变化。特别是在"人像"模式下，黄色调被急剧减弱，同时还有明度提高的倾向。因此，不管是晴天还是阴天，都可以通过使用"人像"模式得到非常明亮、白皙的肌肤效果。但是要注意的是，在夕阳时分拍摄时，如果使用"人像"模式，则可能使人物的面部出现不和谐的粉色。在拍摄环境人像或风光时，如果背景中存在黄色景物，使用"人像"模式也能对黄色景物的表现造成不利影响，此时最好使用"标准"或"风光"模式。

HDR模式

H DR 模式的原理是通过连续拍摄 3 张正常曝光量、增加曝光量以及减少曝光量的影像，然后由相机进行高动态影像合成，从而获得暗调、中间调与高光区域都具有丰富细节的照片，甚至还可以获得类似油画、浮雕画等特殊效果。

调整动态范围

此菜单用于控制是否启用 HDR 模式，以及在开启此功能后的动态范围。

- 关闭HDR：选择此选项，将禁用HDR模式。
- 自动：选择此选项，将由相机自动判断合适的动态范围，然后以适当的曝光增减量进行拍摄并合成。
- ±1EV~±3EV：选择±1EV、±2EV或±3EV选项，可以指定合成时的动态范围，即分别拍摄正常、增加和减少1/2/3挡曝光量的图像并进行合成。

❶ 在**拍摄菜单** 3 中选择 HDR **模式**选项

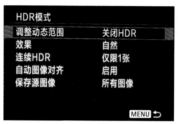

❷ 转动速控转盘◎选择**调整动态范围**选项

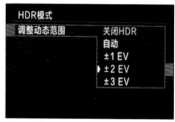

❸ 转动速控转盘◎选择是否启用 HDR 模式及 HDR 的动态范围

效果

在此菜单中可以选择合成 HDR 图像时的影像效果，其中包括如下 5 个选项。

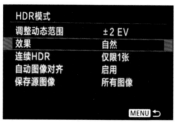

❶ 在**拍摄菜单** 3 中，选择 HDR **模式**中的**效果**选项

❷ 转动速控转盘◎选择不同的合成效果

■ 自然：选择此选项，可以在均匀
显示画面暗调、中间调及高光区域
图像的同时，保持画面为类似人眼
观察到的视觉效果。

■ 标准绘画风格：选择此选项，画
面中的反差更大，色彩的饱和度也
会较真实场景高一些。

■ 浓艳绘画风格：选择此选项，画
面中的反差和饱和度都很高，尤其
在色彩上显得更为鲜艳。

■ 油画风格：选择此选项，画面的
色彩比浓艳绘画风格更强烈。

■ 浮雕画风格：选择此选项，画面
的反差极大，在图像边缘的位置会
产生明显的亮线，因而具有一种物
体发出轮廓光的效果。

连续HDR

在此菜单中可以设置是否连续多次使用HDR模式。

■仅限1张：选择此选项，将在拍摄完成一张HDR照片后，自动关闭此功能。

■每张：选择此选项，将一直保持HDR模式的打开状态，直至摄影师手动将其关闭为止。

❶ 在**拍摄菜单** 3 的 HDR **模式**中，选择**连续** HDR 选项

❷ 转动速控转盘〇选择**仅限** 1 **张**或**每张**选项

自动图像对齐

在拍摄 HDR 照片时，即使使用连拍方式，也不能确保每张照片都是完全对齐的，此时就可以在此菜单中进行设置，确保一个系列中的照片彼此是对齐的。

■启用：选择此选项，可以让相机自动对齐各个图像，因此在拍摄HDR图像时，建议启用"自动图像对齐"功能。

❶ 在**拍摄菜单** 3 的 HDR **模式**中，选择**自动图像对齐**选项

❷ 转动速控转盘〇选择**启用**或**关闭**选项

■关闭：选择此选项，将关闭"自动图像对齐"功能，若拍摄的3张照片中有位置偏差，则合成后的照片可能会出现重影问题。

保存源图像

在此菜单中可以设置是否将拍摄的多张不同曝光量的单张照片也保存至存储卡中。

■所有图像：选择此选项，相机会将所有的单张曝光照片以及最终的合成结果，全部保存在存储卡中。

■仅限HDR图像：选择此选项，不保存单张曝光的照片，仅保存HDR合成图像。

❶ 在**拍摄菜单** 3 的 HDR **模式**中，选择**保存源图像**选项

❷ 转动速控转盘〇选择所有图像或仅限 HDR 图像选项

在大光比环境中使用HDR功能拍出细节丰富的照片

许多大光比的环境会导致拍摄无法顺利完成，例如，在户外拍摄时，如果天空的光线较强，而地面的阴影较重，则会导致拍摄出来的画面中出现暗部死黑及高光溢出现象。

在室内拍摄时，有时也会出现这种情况，例如，当被摄对象背向窗户或门洞时，往往也会导致画面中的背景过亮，使被摄对象出现死黑或过亮的区域。而如果能够有效地利用HDR功能，则可以较好地解决大光比问题。

在拍摄时，首先要设置前面所讲述的各项参数。无论是手持还是使用三脚架拍摄时，要确保拍摄用于进行HDR合成的照片彼此之间没有太大的错位。完成设置后，即可在大光比环境中拍摄出细节丰富的照片。

下图所示的照片是笔者在故宫拍摄的，拍摄时使用了HDR功能，最终得到的照片虽然与原片相比有一定程度的裁剪，但无论是蓝天还是背光处的屋檐都获得了不错的细节。

▲ 使用HDR功能拍摄的三张源照片

▲ 相机自动合成出来HDR照片，天空与建筑都有不错的细节

设置多重曝光

Canon EOS 7D Mark Ⅱ相机提供了多重曝光功能，它支持2~9张照片的融合，即分别拍摄多张照片，然后相机会使用不同的计算方法自动将各张照片融合在一起。

多重曝光

此菜单用于控制是否启用"多重曝光"功能，以及启用此功能后是否可以在拍摄过程中对相机进行操作等。

■ 关闭：选择此选项，则禁用"多重曝光"功能。

■ 开（功能/控制）：选择此选项，将允许在多重曝光的过程中做一些如查看菜单、回放等操作。

■ 开（连拍）：选择此选项，在拍摄期间无法进行查看菜单、回放、实时显示、图像确认等操作，也无法保存单次曝光的图像，此选项较适合对动态对象进行多重曝光时使用。

❶ 在**拍摄菜单**3中选择**多重曝光**选项

❷ 转动速控转盘◎选择**多重曝光**选项

❸ 转动速控转盘◎选择一个选项即可

高手点拨

在多重曝光拍摄期间，"自动亮度优化"、"高光色调优先"、"周边光量校正"等功能将被关闭。另外，为第一次曝光设定的画质、ISO、照片风格、高ISO感光度降噪功能等设置会被继续延用在后续拍摄中。

多重曝光控制

在此菜单中可以选择多重曝光合成照片时的算法，其中包括了加法、平均、明亮、黑暗4个选项。

❶ 在**拍摄菜单**3中选择**多重曝光**选项，然后再选择**多重曝光控制**选项

❷ 转动速控转盘◎可选择多重曝光的控制方式

■加法：选择此选项，每一次单张曝光的照片会被叠加在一起。

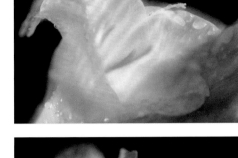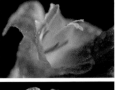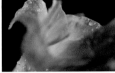

■平均：选择此选项，将在每次拍摄单张曝光的照片时，自动控制其背景的曝光，以获得标准的曝光结果。

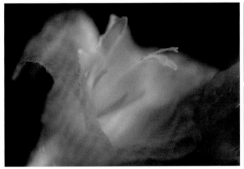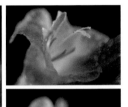

■明亮：选择此选项，会将多次曝光结果中明亮的图像保留在照片中。例如在拍摄月亮时，选择此选项可以获得明月高悬于夜幕上空的画面。

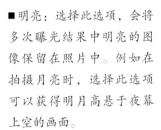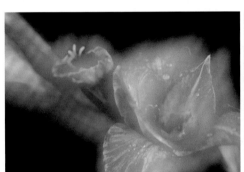

■黑暗：此选项的功能与"明亮"选项刚好相反，可以在拍摄时将多次曝光结果中暗调的图像保留下来。

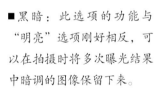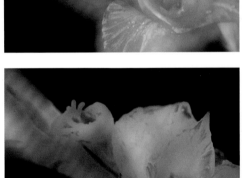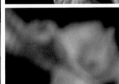

曝光次数

在此菜单中，可以设置多重曝光拍摄时的曝光次数，可以选择2~9张进行拍摄，通常情况下，2~3次曝光就可以满足绝大部分的拍摄需求。

高手点拨

设置的张数越多，则合成的画面中产生的噪点也越多。

❶ 在**拍摄菜单**3中选择**多重曝光**选项，然后再选择**曝光次数**选项

❷ 转动速控转盘◯可选择不同的曝光次数

保存源图像

在此菜单中可以设置是否将多次曝光时的单张照片也保存至存储卡中。

■ 所有图像：选择此选项，相机会将所有的单张曝光照片以及最终合成的结果，全部保存在存储卡中。

■ 仅限结果：选择此选项，将不保存单张曝光的照片，而仅保存最终合成的结果。

❶ 在**拍摄菜单**3中选择**多重曝光**选项，然后再选择**保存源图像**选项

❷ 转动速控转盘◯选择**所有图像**或**仅限结果**选项

连续多重曝光

在此菜单中可以设置是否连续多次使用"多重曝光"功能。

■ 仅限1张：选择此选项，将在完成一次多重曝光结果后，自动关闭此功能。

■ 连续：选择此选项，将一直保持多重曝光的打开状态，直至摄影师手动将其关闭为止。

❶ 在**拍摄菜单**3中选择**多重曝光**选项，然后再选择**连续多重曝光**选项

❷ 转动速控转盘◯选择**仅限1张**或**连续**选项

用存储卡中的照片进行多重曝光

在 Canon EOS 7D Mark Ⅱ中，允许用户从存储卡中选择一张照片，然后再通过拍摄的方式进行多重曝光，而选择的照片也会占用一次曝光次数。

例如在设置曝光次数为3时，除了从存储卡中选择的照片外，还可以再拍摄两张照片用于多重曝光的合成。

高手点拨

此设置中只可以选择**RAW**图像，无法选择M**RAW**/S**RAW**或JPEG图像。

❶ 在**拍摄菜单**3中选择**多重曝光**选项，然后再选择**开：功能 / 控制**或**开：连拍**选项

❷ 转动速控转盘◯选择**选择要多重曝光的图像**选项

❸ 选择要进行多重曝光的图像，然后按下SET 按钮并选择**确定**选项

❹ 拍摄一张照片后，曝光次数随之减1，拍摄完成后，相机会自动合成这些照片，形成多重曝光效果

使用多重曝光拍摄蒙太奇人像

利用多重曝光功能，可以拍摄出非常有趣的蒙太奇效果照片。例如，首先拍摄一张花丛照片，如左图所示。然后，选择"选择要多重曝光的图像"选项，在室内以特写景别逆光拍摄一张人像，拍摄时要将"多重曝光控制"设置为"明亮"，以便使背景过曝，如中图所示。合成后可以得到如右图所示的蒙太奇照片效果。

▲ 第一次拍摄得到的树林

▲ 第二次拍摄得到的人像

▲ 最终合成的效果

使用多重曝光拍摄明月

使用"多重曝光"功能拍摄月亮的方法如下。

① 在"拍摄菜单3"中选择"多重曝光"选项，进入"多重曝光"设置界面。

② 在"多重曝光"选项中选择"开：功能/控制"或"开：连拍"选项。

③ 在"多重曝光控制"选项中选择"明亮"选项，这样可以保证月亮与拍摄的夜景完美地融合在一起。

④ 对拍摄月亮而言，通常需要进行两次曝光，可以在"曝光次数"选项中进行设置。

⑤ 设置完毕后，按下SET按钮即可开始多重曝光拍摄。

⑥ 第1张可以用中焦或广角镜头拍摄画面的全景，当然画面中不要出现月亮图像，但要为月亮图像保留一定的空白位置，然后以较长的曝光时间完成拍摄，以得到较为准确的曝光结果。

⑦ 在拍摄第2张照片时，可以使用镜头的长焦端，对月亮进行构图并拍摄。当然，在构图的时候，要注意结合上一张照片的构图，将月亮安排在合适的位置，重新调整曝光参数进行拍摄。

▲ 第1次拍摄的结果，画面中为月亮留出了空间

▲ 第2次使用长焦镜头专门拍摄月亮的画面，并在画面中为其安排好了位置

▼ 通过多重曝光的手法，获得了具有丰富细节且足够大的月亮

焦距：85mm 光圈：F2 快门速度：1/160s 感光度：ISO1000

Chapter 10

掌握实时显示与动画设定

光学取景器拍摄与实时取景显示拍摄原理

数码单反相机的拍摄方式有两种，一种是使用光学取景器拍摄的传统方法，另一种方式是使用实时取景显示进行拍摄。实时取景显示拍摄最大的变化是将液晶监视器作为取景器，而且还使实时面部优先自动对焦和通过手动进行精确对焦成为可能。

光学取景器拍摄原理

光学取景器拍摄是指摄影师通过数码相机上方的光学取景器观察景物进行拍照的过程。

光学取景器拍摄的工作原理是：光线通过镜头射入机身上的反光镜，然后反光镜把光线反射到五棱镜上。拍摄者通过五棱镜上反射出来的光线就可以直接查看被摄对象了。因为采用这种方式拍摄时，人眼看到的景物和相机看到的景物基本是一致的，所以误差较小。

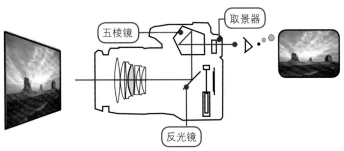

▲ 光学取景器拍摄原理示意图

实时取景显示拍摄原理

实时取景显示拍摄是指摄影者通过数码相机上的液晶监视器观察景物进行拍摄的过程。

其工作原理是：当位于镜头和图像感应器之间的反光镜处于抬起状态时，光线通过镜头后，直接射向图像感应器，图像感应器把捕捉到的光线作为图像数据传送至液晶监视器，并且在液晶监视器上进行显示。在这种显示模式下，拍摄者对各种设置进行调整和模拟曝光将更为方便。

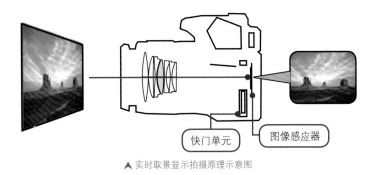

▲ 实时取景显示拍摄原理示意图

实时取景显示模式的特点

能够使用更大的屏幕进行观察

实时取景显示拍摄能够直接将液晶监视器作为取景器使用，由于液晶监视器的尺寸比光学取景器要大很多，所以能够显示视野率100%的清晰图像，从而更加方便地观察被摄景物的细节。拍摄时摄影师也不用再将眼睛紧贴着相机，构图也变得更加方便。

易于精确合焦以保证照片更清晰

由于实时取景显示拍摄可以将对焦点位置的图像放大，所以拍摄者在拍摄前就可以确定照片的对焦点是否准确，从而保证拍摄后的照片更加清晰。

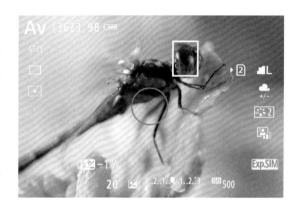

▶ 以蜻蜓眼睛作为对焦点，对焦时放大观察蜻蜓眼部，发现了清晰的纹理，从而确定对焦成功了

具有实时面部优先拍摄模式的功能

实时取景显示拍摄具有实时面部优先拍摄模式的功能，当使用此模式拍摄时，相机能够自动检测画面中人物的面部，并且对人物的面部进行对焦。对焦时会显示对焦框，如果画面中的人物不止一个，就会出现多个对焦框，可以在这些对焦框中任意选择希望合焦的面部。

▶ 使用实时面部优先模式，能够轻松地拍摄人像

能够对拍摄图像进行曝光模拟

使用实时取景显示模式拍摄时，通过液晶监视器查看被摄景物的同时，液晶监视器上的画面会根据相机设定的参数自动调节明暗和色彩。例如，可以通过设置不同的白平衡模式并观察画面色彩的变化，以从中选出最合适的白平衡模式选项。

▶ 在液晶监视器上进行白平衡的调节，照片的颜色会随之改变

实时取景显示模式典型应用案例

微距花卉摄影

对于微距摄影而言，清晰是评判照片是否成功的标准之一，微距花卉摄影也不例外。由于微距照片的景深都很浅，所以，在进行微距花卉摄影时，对焦是影响照片成功与否的关键因素。

为了保证焦点清晰，比较稳妥的对焦方法是把焦点位置的图像放大后，调整最终的合焦位置，然后释放快门。这种把焦点位置图像放大的方法，在使用实时取景显示模式拍摄时可以很轻易实现。

在实时取景显示模式下，每次按下Q按钮，则按正常显示—1倍—5倍—10倍的顺序进行放大，以检查拍摄的照片是否准确合焦。

▲ 使用实时取景显示模式拍摄的状态

▲ 以5倍的显示倍率显示当前拍摄的画面时液晶监视器的显示状态

▲ 以10倍的显示倍率显示当前拍摄的画面时液晶监视器的显示状态

商品摄影

商品摄影对图片质量的要求都非常高。一幅照片中焦点的位置、清晰的范围以及画面的明暗都应该是摄影师认真考虑的，这些都需要经过耐心调试和准确控制来获得。使用实时取景显示模式拍摄时，拍摄前就可以预览拍摄完成后的结果，所以可以更好地控制照片的细节。

▲ 为了突出表现商品的商标，使用了放大对焦的方法进行准确对焦

人像摄影

拍出有神韵人像的秘诀是对焦于人像的眼睛，保证眼睛的位置在画面中是最清晰的。使用光学取景器拍摄时，由于对焦点较小，如果拍摄的是全景人像，可能会由于模特的眼睛在画面中所占的比例较小，而造成对焦点偏移，最终导致画面中最清晰的位置不是眼睛，而是眉毛或眼袋等位置。

如果使用实时取景显示模式拍摄，则出错的概率要小许多，因为在拍摄时可以通过放大画面仔细观察对焦位置是否正确。

▲ 利用实时取景显示模式拍摄，可以将人物的眼睛拍摄得非常清晰（焦距：85mm 光圈：F2 快门速度：1/500s 感光度：ISO100）

▲ 在拍摄人像时，人物的眼睛一般都会成为焦点，使用对焦放大功能可以确保焦点位置的画面足够清晰

开启实时取景显示模式

在 Canon EOS 7D Mark Ⅱ 中，要开启实时显示拍摄功能，可以将实时显示拍摄 / 短片拍摄开关置于 🖸 图标位置，然后按下 [START/STOP] 按钮，此时反光板将升起，液晶监视器中将开始显示图像，此时即可进行实时显示拍摄了。

认识实时取景显示模式参数

按下 INFO. 按钮，将在屏幕中显示可以设置或查看的参数。连续按下 INFO. 按钮，可以在不同的信息显示内容之间进行切换。

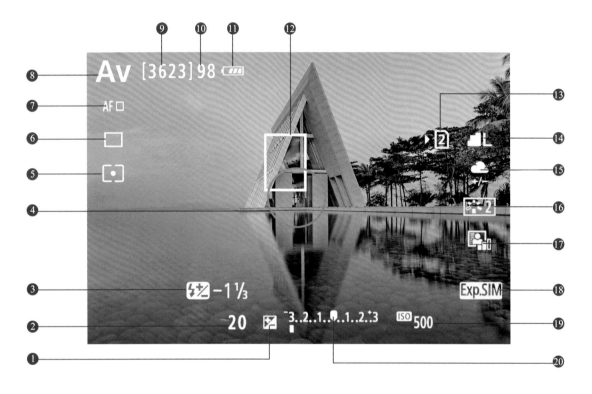

❶ 曝光补偿

❷ 光圈值

❸ 闪光补偿值

❹ 点测光圈

❺ 测光模式

❻ 驱动模式

❼ 自动对焦模式

❽ 拍摄模式

❾ 可拍摄数量

❿ 最大连拍数量/剩余多重曝光次数

⓫ 电池电量检测

⓬ 自动对焦点

⓭ 存储卡

⓮ 图像记录画质

⓯ 白平衡

⓰ 照片风格

⓱ 自动亮度优化

⓲ 曝光模拟

⓳ ISO感光度

⓴ 曝光量指示标尺

利用Canon EOS 7D Mark Ⅱ拍摄高清视频

拍摄短片的基本设置

存储卡

短片拍摄占据的存储空间比较大，尤其是拍摄全高清短片时，更需要大容量、高存储速度的存储卡，按照佳能公司的提示，至少应该使用实际读写速度在 55 倍速（约合 7M/s 的存储速度）以上的存储卡，才能够进行正常的短片拍摄及回放——好在目前市场上主流的存储卡都已经达到这种要求。

镜头

与拍摄照片一样，拍摄短片时也可以更换镜头，佳能 EF 系列的所有镜头均可用于短片拍摄，甚至更早期的手动镜头，只要它可以安装在 Canon EOS 7D Mark Ⅱ相机上，那么仍旧可以大显身手。

另外，Canon EOS 7D Mark Ⅱ的套机镜头 EF-S18-135mm F3.5-5.6 IS STM 虽然最大光圈只有 F3.5，但也能够获得不错的景深效果。同时，IS 防抖功能也可以在拍摄时发挥重要作用。

脚架

与专业的摄像设备相比，使用数码单反相机拍摄短片时最容易出现的一个问题，就是在手动变焦的时候容易引起画面的抖动，因此，一个坚固的三脚架是保证画面平稳不可或缺的器材。如果执著于使用相机拍摄短片，那么甚至可以购置一个质量好的视频控制架。

拍摄短片的基本流程

使用 Canon EOS 7D Mark Ⅱ拍摄短片的操作比较简单，但其中的一些细节仍值得注意，因此下面将列出一个短片拍摄的基本流程。

❶ 在相机背面的右上方将"实时显示拍摄/短片拍摄"开关按钮转至短片拍摄位置。

❷ 在拍摄短片前，可以通过自动或手动的方式先对主体进行对焦。

❸ 按下 START/STOP 按钮，即可开始录制短片。

❹ 录制完成后，再次按下 START/STOP 按钮即可。

▲ 在拍摄前，可以先进行对焦

▲ 录制短片时，会在右上角显示一个红色的圆

设置实时显示拍摄参数

网格线显示

在实时显示模式下可以显示网格线，以便于摄影师在拍摄时进行构图。

利用"显示网格线"菜单，可以改变网格线的显示模式，在这里可以设置"3×3"、"6×4"、"3×3+对角"或"关"选项。

■关：选择此选项，在拍摄时将不显示网格线。

■3×3╫：选择此选项，将显示3×3的网格线。

■6×4╬：选择此选项，将显示6×4的网格线。

❶ 在**拍摄菜单**5中选择**显示网格线**选项

❷ 转动速控转盘○选择是否显示网格线以及显示的网格线样式

■3×3+对角╳：选择此选项，在显示3×3网格线的同时，还会显示两条对角网格线。

> **高手点拨**
>
> 无论是拍摄照片还是拍摄视频，显示网格线都有助于拍摄操作，因此建议将其显示出来。

静音拍摄

在博物馆、音乐会等场合拍摄时，最好使用静音功能，以降低拍摄时发出来的声响对他人的影响，Canon EOS 7D Mark Ⅱ提供了"模式1"、"模式2"和"关闭"3种静音拍摄模式。

■模式1：选择此选项，拍摄时的噪音将小于通常拍摄，可以进行连拍。

■模式2：选择此选项，拍摄噪音将减为最小，只能

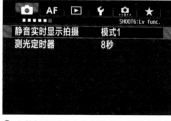
❶ 在**拍摄菜单**6中选择**静音实时显示拍摄**选项

❷ 转动速控转盘○选择是否静音拍摄以及静音拍摄的方式

进行单拍。

■关闭：如果使用TS-E镜头进行偏移、倾斜镜头操作或使用延伸管时，需选择此选项，否则会导致错误或曝光异常。

测光定时器

在实时取景显示模式下可以设置锁定曝光的时间长度，包括4秒、8秒、16秒、30秒、1分、10分和30分7个选项可供选择。

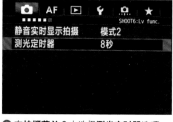
❶ 在**拍摄菜单**6中选择**测光定时器**选项

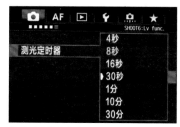
❷ 转动速控转盘○选择一个时间长度

自动对焦方式

通过"自动对焦方式"菜单，可以选择最适合拍摄环境或者拍摄主体的对焦模式。

■ ᶜ+追踪：选择此选项，在拍摄人像时相机将自动识别面部，并优先对面部合焦，如果面部移动，自动对焦点也会移动追踪面部。如果识别到多个面部，需要使用多功能控制钮❖选择要优先合焦的面部。

■ 自由移动AF( )：选择此选项，相机可以采用两种模式对焦，一种是以最多31个自动对焦点对焦，这种对焦模式能够覆盖较大区域；另一种是将液晶监视器分割成为9个区域，可以分别对某一个区域进行对焦，默认情况下相机自动选择前者。如果需要在这两种对焦模式间切换，可以按下SET按钮或❖多功能控制钮。

■ 自由移动AF□：选择此选项，液晶监视器上只显示1个自动对焦点，使用多功能控制钮❖使该自动对焦点移至要对焦的位置，当自动对焦点对准被摄体时半按快门即可。如果自动对焦点变为绿色并发出提示音，表明合焦正确；如果没有合焦，自动对焦点将会以橙色显示。

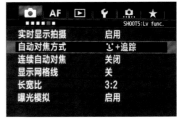

❶ 在**拍摄菜单**5中选择**自动对焦方式**选项

❷ 转动速控转盘◯选择一种对焦模式

短片记录画质

在"短片记录画质"菜单中可以选择短片记录格式、短片记录大小、帧频及压缩方法，选择不同的设置拍摄时，所获得的视频清晰度不同，占用的空间也不同。

❶ 在**拍摄菜单**4中选择**短片记录画质**选项

❷ 转动速控转盘◯选择一个选项，然后按下SET按钮

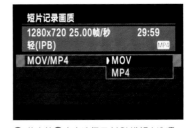

❸ 若在第❷步中选择了MOV/MP4选项，转动速控转盘◯选择一个短片的记录格式

❹ 若在第❷步中选择了**短片记录大小**选项，然后转动速控转盘◯选择一个选项

❺ 若在第❷步中选择了24.00P选项，然后转动速控转盘◯选择**关闭**或**启用**选项

■MOV/MP4：选择"MOV"选项，短片以MOV格式记录，以便于在电脑上后期编辑。选择"MP4"选项，则短片以MP4的格式记录，与MOV格式相比，可以兼容更多的播放软件。

■短片记录尺寸：影像大小方面，FHD、HD和VGA图标分别表示以全高清、高清、标清的画质录制短片，其中全高清和高清的长宽比为16:9，而标清的长宽比为4:3。影片帧数方面，29.97P和59.94P适用于电视格式为NTSC的国家和地区（北美洲、日本、韩国、墨西哥），25.00P和50.00P适用于电视格式为PAL的国家和地区（欧洲、俄罗斯、中国、澳洲），23.98P和24.00P则适用于电影。压缩方法方面，采用IPB压缩方式的短片文件相对要小一些，而采用ALL-I压缩方式的短片文件则相对较大，由于是一次压缩一帧来记录，因而有利于后期编辑。

■24.00P：以24.00帧/秒的影像格数记录短片。当选择"启用"选项时，将以 FHD 24.00P ALL-I 或 FHD 24.00P IPB 记录短片。

以MOV格式记录的短片记录尺寸见下表。

短片记录画质			总计录制时间		文件尺寸
			8G卡	16G卡	（MB/分钟）
FHD	59.94P 50.00P	IPB	17分	34分	440
	29.97P 25.00P 24.00P 23.98P	ALL-I	11分	23分	654
	29.97P 25.00P 24.00P 23.98P	IPB	33分	1小时7分	225
HD	59.94P 50.00P	ALL-I	13分	26分	583
	59.94P 50.00P	IPB	38分	1小时17分	196
VGA	29.97P 25.00P	IPB	1小时41分	3小时22分	75

以MP4格式记录的短片记录尺寸见下表。

短片记录画质			总计录制时间（分）		文件尺寸
			8G卡	16G卡	（MB/分钟）
FHD	59.94P 50.00P	IPB	17分	35分	431
	29.97P 25.00P 24.00P 23.98P	ALL-I	11分	23分	645
	29.97P 25.00P 24.00P 23.98P	IPB	35分	1小时10分	216
	29.97P 25.00P	IPB⏬	1小时26分	2小时53分	87
HD	59.94P 50.00P	ALL-I	13分	26分	574
	59.94P 50.00P	IPB	40分	1小时21分	187
	29.97P 25.00P	IPB⏬	4小时10分	8小时20分	30
VGA	29.97P 25.00P	IPB	1小时55分	3小时50分	66
	29.97P 25.00P	IPB⏬	5小时26分	10小时53分	23

高手点拨

与短片拍摄相关的菜单，需要切换至短片拍摄模式时才会显示出来。

录音

用于设置是否在拍摄视频的同时进行录音。

Canon EOS 7D Mark Ⅱ内置的麦克风仅支持单声道录制，但它提供了一个外接麦克风端口，可以将带有立体声微型插头（直径3.5mm）的麦克风连接至相机，从而可以录制立体声短片。

❶ 在**拍摄菜单** 4 中选择**录音**选项

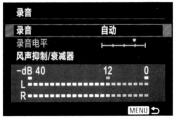

❷ 转动速控转盘○可选择不同的选项，并修改其参数

■ 录音：选择"自动"选项，录音音量将会自动调节；选择"手动"选项，可将录音音量的电平调节为64等级之一，适用于高级用户；选择"关闭"选项，将不会记录声音。

■ 风声抑制：选择"启用"选项，则可以减弱通过外接麦克风进入的室外风声噪音，包括某些低音调噪音；在无风的场所进行录制时，建议选择"关闭"选项，以便能录制更加自然的声音。在拍摄前即使将"录音"设定为"自动"或"手动"，如果有非常大的声音，仍然可能会导致声音失真，在这种情况下，建议将"风声抑制"设为"启用"。

视频制式

如果要将Canon EOS 7D Mark Ⅱ所拍摄的照片或短片放到电视上观看，就会涉及视频制式问题。Canon EOS 7D Mark Ⅱ提供了两种视频制式。

在"视频制式"菜单中，可选择"NTSC"或"PAL"两种视频制式，其中美国、加拿大、日本、韩国等国家的电视机多采用"NTSC"制式，而英国、德国以及中国大陆则采用"PAL"制式。

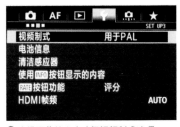

❶ 在**设置菜单** 3 中选择**视频制式**选项

❷ 转动速控转盘○可选择不同的制式选项

静音控制

在录制短片时，最忌讳的就是出现操作相机的声音，如设置快门速度、曝光补偿等时发出的声音，即使是使用外置的麦克风，也难完全避免，因此，Canon EOS 7D Mark II贴心设计了静音控制功能，并配合速控转盘上的触摸盘，可以安静地对快门速度、光圈、ISO 感光度、曝光补偿以及录音电平等参数进行调整。

❶ 在**拍摄菜单**5中选择**静音控制**选项

❷ 转动速控转盘○选择**启用**选项，则可以使用速控转盘上的触摸盘

▲ 红圈中标示的就是触摸盘上的4个方向键

时间码

时间码是自动记录的时间基准，它可以在拍摄短片期间使视频与音频保持同步。在 Canon EOS 7D Mark II 中加入这个功能是为了更精确地控制视频与音频，同时便于后期进行编辑处理。

■计数：选择"记录时运行"选项，则仅在拍摄短片时进行计时；选择"自由运行"选项，则无论是否正在拍摄视频都会被计时。

■开始时间设置：选择"手动输入设置"选项，可自由设定开始的小时、分钟、秒钟和帧的位置；选择"设置为相机时间"选项，则依据相机的时间设定小时、分钟及秒钟时间，此时帧将被设置为0；选择"重置"选项，则在"手动输入设置"或"设置为相机时间"选项中设置的参数将被重设为00:00:00:00。

■短片记录计时：选择"记录时间"选项，表示从开始短片拍摄经过的时间；选择"时间码"选项，表示短片拍摄期间的时间码。

■短片播放计时：选择"记录时间"选项，将在回放短片时显示记录时间和回放时间；选择"时间码"选项，将在回放短片时显示时间码数值。

■HDMI：选择"时间码"选项时，可以控制是否将时间码附加至HDMI输出的短片。选择"记录指令"选项时，当录制从HDMI输出至外接录制装置的短片时，相机的短片拍摄开始/停止可否与从该外接录制装置的录制同步。

■丢帧：如果帧频设置为29.97帧/秒或59.94帧/秒时，时间码的帧计数会导致实际时间与时间码之间发生偏差。选择"启用"选项，将可以自动校正偏差。

❶ 在**拍摄菜单**5中选择**时间码**选项

❷ 转动速控转盘○可选择并编辑各个项目

⊙按钮功能

在 此菜单中，可以设定在短片模式下，半按快门和完全按下快门按钮的功能。

■ 🔲AF/📷：选择此选项，在短片模式下半按快门执行测光并自动对焦，完全按下快门是拍摄照片。

■ 🔲/📷：选择此选项，在短片模式下半按快门执行测光，完全按下快门为拍摄照片。

■ 🔲AF/🎥：选择此选项，在短片模式下半按快门执行测光并自动对焦，完全按下快门是开始或停止录制短片。

■ 🔲/🎥：选择此选项，在短片模式下半按快门执行测光，完全按下快门是开始或停止录制短片。

❶ 在**拍摄菜单** 5 中选择⊙**按钮功能**选项

❷ 转动速控转盘◯选择所需的选项

拍摄短片的注意事项

下表汇总了一些在使用 Canon EOS 7D Mark Ⅱ 拍摄短片时，需要特别注意或需要特殊说明的事项。

项 目	说 明
记录格式	MOV或MP4格式，需要使用QuickTime或暴风影音等软件进行播放
最长短片拍摄时间	29分59秒。一次录制时间超过此限制时，拍摄将自动停止
单个文件大小	最大不能超过4G，当超过4G时，相机会自动创建新的短片文件继续进行拍摄
对焦	在短片拍摄时，按下AF-ON按钮可自动对焦，但这样可能会导致脱焦，再次对焦时也会很麻烦，同时还可能会引起曝光的变化
变焦	不推荐在短片拍摄期间进行镜头变焦。不管镜头的最大光圈是否发生变化，进行镜头变焦都可能会导致曝光变化，并可能会因此被记录
照片风格	相机将以当前设定的照片风格进行拍摄
不要对着太阳拍摄	可能会导致感光元件的损坏
噪点	在低光照的情况下，可能会产生噪点
长时间拍摄	机内温度会显著升高，图像质量也会有所下降
选择制式	如果要在电视上回放短片，中国大陆用户应选择PAL制式进行录制
灯光	如果在荧光灯或LED照明下拍摄短片，画面可能会闪烁
画质	如果安装的镜头具有图像稳定器，即使不半按快门按钮，图像稳定器也将始终工作。因此，图像稳定器将消耗电池电量并可能缩短总的短片拍摄时间或减少可拍摄照片的数量。如果使用三脚架或没必要使用图像稳定器，应将IS开关设定为OFF
长宽比	1920×1080及1280×720为16：9，640×480为4：3

焦距：50mm 光圈：F2 快门速度：1/500s 感光度：ISO100

Chapter 11

掌握拍摄时的相机操作设定

针对不同题材设置不同驱动模式

针对不同的拍摄任务，需要将快门设置为不同的驱动模式。例如，要抓拍高速运动的物体，为了保证成功率，通过设置可以使相机按下一次快门后，能够连续拍摄多张照片。

Canon EOS 7D Mark Ⅱ 提供了单拍□、高速连续拍摄□H、低速连续拍摄□、静音单拍□S、静音连拍□S、10秒自拍/遥控⚡、2秒自拍/遥控⚡₂等驱动模式，下面分别讲解它们的使用方法。

实拍操作：按下 **DRIVE·AF** 按钮，转动速控转盘○可选择不同的驱动模式 📷

单拍模式

在此模式下，每次按下快门时，都只拍摄一张照片。单拍模式适用于拍摄静态对象，如风光、建筑、静物等题材。

▲ 单拍驱动模式适合拍摄的题材十分广泛

连拍模式

在连拍模式下，每次按下快门时将连续拍摄多张照片。Canon EOS 7D Mark Ⅱ 提供了 3 种连拍模式，高速连续拍摄模式（ ▯H ）最高连拍速度能够达到约 10 张 / 秒；低速连续拍摄模式（ ▯ ）的最高连拍速度能达到约 3 张 / 秒；静音连拍模式（ ▯S ）的最高连拍速度能达到约 4 张 / 秒。

连拍模式适用于拍摄运动的对象，当将被摄对象的连续动作全部抓拍下来以后，可以从中挑选满意的画面。

▲ 使用连拍驱动模式抓拍小女孩调皮的一系列表情

Ⓠ **什么情况下连拍速度会变慢？**

Ⓐ 当剩余电量较低时，连拍速度会下降；在人工智能伺服自动对焦模式下，因主体和使用的镜头不同，连拍速度可能会下降；当选择了"高 ISO 感光度降噪功能"或在弱光环境下拍摄时，即使设置了较高的快门速度，连拍速度也可能会变慢。

Ⓠ **为什么相机能够连续拍摄？**

Ⓐ 因为 Canon EOS 7D Mark Ⅱ 有临时存储照片的内存缓冲区，因而在记录照片到存储卡的过程中可继续拍摄，受内存缓冲区大小的限制，最多可持续拍摄照片的数量是有限的。

Ⓠ **连拍时快门为什么会停止释放？**

Ⓐ 在最大连拍数量少于正常值时，如果相机在中途停止连拍，可能是"高 ISO 感光度降噪功能"被设置为"强"导致的，此时应该选择"标准"、"弱"或"关闭"选项。因为当启用"高 ISO 感光度降噪功能"时，相机将花费更多的时间进行降噪处理，因此将数据转存到存储空间的耗时会更长，相机在连拍时更容易被中断。

自拍模式

Canon EOS 7D Mark Ⅱ相机提供了两种自拍模式，可满足不同的拍摄需求。

■10 秒自拍/遥控⏱️：在此驱动模式下，可以在10秒后进行自动拍摄。此驱动模式支持与遥控器搭配使用。

■2秒自拍/遥控⏱️₂：在此驱动模式下，可以在2秒后进行自动拍摄。此驱动模式也支持与遥控器搭配使用。

值得一提的是，所谓的自拍驱动模式并非只能用于给自己拍照。例如，在需要使用较低的快门速度拍摄时，我们可以将相机置于一个稳定的位置，并进行变焦、构图、对焦等操作，然后通过设置自拍驱动模式的方式，避免手按快门产生震动，进而拍出满意的照片。

▲ 10 秒自拍适合于双人或多人自拍，10 秒的时间足够摄影者跑到预定的地点等待相机自动按下快门（焦距：85mm　光圈：F2.5　快门速度：1/250s　感光度：ISO200）

▼ 2 秒自拍适用于弱光摄影，这是由于在弱光下即使是使用三脚架保持相机稳定，也会因为手触相机导致相机轻微抖动而影响画面质量（焦距：18mm　光圈：F22　快门速度：20s　感光度：ISO100）

设置连拍速度

Canon EOS 7D Mark Ⅱ提供了 3 种连拍模式，如果要设置 3 种连拍模式下每秒拍摄的照片张数，可以在"连拍速度"菜单中进行选择，高速可以设置在 2~10fps 之间，低速可以设置在 1~9fps 之间，静音连拍可以设置在 1~4fps 之间。

❶ 在**自定义功能菜单** 2 中选择**连拍速度**选项

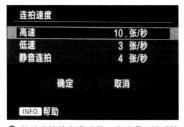

❷ 转动速控转盘 ○ 选择一个选项，然后按下 SET 按钮

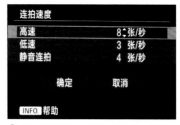

❸ 转动速控转盘 ○ 选择一个数值，然后按下 SET 按钮，然后选择**确定**选项

▲ 使用连拍模式将新娘一系列的动作抓拍了下来

高手点拨

受拍摄时的对焦速度、文件大小等诸多因素的影响，实际拍摄时的连拍速度可能要低于所选择的数值。

使用反光镜预升功能使照片更清晰

当 使用长焦镜头拍摄远处的物体或者进行微距摄影时，启用"反光镜预升"功能可以减轻机震对成像质量的影响。

开启"反光镜预升"功能后，第一次按下快门时反光镜将被升起，当第二次按下快门时即可拍摄照片，拍摄后反光镜则回到原处。如果不将反光镜预先升起，在按下快门后反光镜升起的震动将会使照片出现轻微的模糊。在反光镜升起 30 秒钟后，若没有进行任何操作，则反光镜将自动落回原位。再次完全按下快门按钮，反光镜会再次升起。

■关闭：选择此选项，反光板不会预先升起。

■启用：选择此选项，反光板会预先升起，可以有效地避免相机震动而引起的图像模糊。

❶ 在**拍摄菜单** 4 中选择**反光镜预升**选项

❷ 转动速控转盘○可选择**关闭**或**启用**选项

高手点拨

"反光镜预升"功能会影响拍摄速度，所以通常情况下建议将其设置为"关闭"，需要时再设置为"启用"。另外，当反光镜被升起后，构图、焦点位置及曝光参数均不能在取景器中进行确认，因此要事先设置并确认。

▲ 在拍摄对细节要求非常高的微距照片时，使用"反光镜预升"功能可以降低糊片的概率（焦距：100mm 光圈：F2.8 快门速度：1/12s 感光度：ISO100）

设置"提示音"确认合焦

在 拍摄比较细小的物体时，是否正确合焦不容易从屏幕上分辨出来，这时可以开启"提示音"功能，以便在确认相机合焦时迅速按下快门，从而得到清晰的画面。

除此之外，提示音在自拍时会用于自拍倒计时提示。

■启用：开启提示音后，在合焦或自拍时，相机会发出提示音提醒。

■关闭：关闭提示音后，在合焦或自拍时，提示音不会响。

高手点拨

> 如果可能的话，在拍摄比较细小的物体时，最好使用实时取景显示模式，通过在液晶监视器上放大被摄对象来确保准确合焦。

❶ 在**拍摄菜单**1 中选择**提示音**选项

❷ 转动速控转盘○选择**启用**或**关闭**选项

设置INFO.按钮的功能使操作更便利

为了在拍摄过程中方便查看相机设置或拍摄效果，可以在"使用 **INFO.** 按钮显示的内容"菜单中设置此按钮的功能。

■显示相机设置：选择此选项，可在液晶监视器上显示白平衡、色彩空间等设置。

■电子水准仪：选择此选项，将启用相机自带的电子水准仪功能，以验证相机是否为水平状态。在Canon EOS 7D Mark Ⅱ 中，除了可以显示水平方向的倾斜外，还可以显示前后方向的倾斜，从而帮助我们更好地验证相机是否处于水平状态。

■显示拍摄功能：选择此选项，将显示光圈、快门速度等参数，此时在机身上按"ISO"、"AF"等按钮时，也可以在液晶监视器中进行参数设置。

❶ 在**设置菜单**3 中选择**使用 INFO. 按钮显示的内容**选项

❷ 转动速控转盘○可选择不同的选项

通过清洁感应器获得更清晰的照片

数码单反相机的一大优点是能够更换镜头，但在更换镜头时，相机的感光元件就会暴露在空气中，时间一长，难免会沾上微小的粉尘，从而导致拍摄出来的照片上出现脏点，如果要清洁这些粉尘，可以使用 Canon EOS 7D Mark II 的"清洁感应器"功能。

- 自动清洁：选择此选项，则开关机时都将自动清洁感应器。
- 立即清洁：选择此选项，则相机将即时进行清洁除尘。
- 手动清洁：选择此选项，反光板将升起，可以进行手动清洁。

高手点拨

要获得最好的清洁效果，在清洁感应器时应将相机垂直立放在桌子或其他平面物体上。由于重复清洁感应器其效果不是很明显，因此无需短时间内多次重复清洗。在手动清洁感应器时，要耐心细致，以免划伤CMOS前面的低通滤镜。

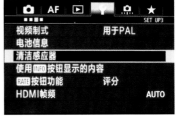

❶ 在**设置菜单** 3 中选择**清洁感应器**选项

❷ 转动速控转盘◯可选择不同的选项

利用除尘数据自动去除照片污点

如前所述，由于单反相机在更换镜头时很容易进灰尘，而灰尘进入相机内部并附着在影像传感器上会使拍摄出来的照片出现污迹。因此，除尘性能也是衡量相机质量的重要指标。

Canon EOS 7D Mark II 提供了自动除尘功能，通过装在影像传感器表层的自清洁装置，可以实现自动抖落灰尘的目的。但这一功能并不能保证清除传感器上的全部灰尘，有些难于清除的灰尘仍会在图像上形成污点，这时可以使用相机的"除尘数据"功能，即将除尘数据添加到所拍摄的照片文件上，利用 DPP 软件根据除尘数据自动清除图像上的污点（类似于在后期处理软件中对照片进行修补操作）。

高手点拨

为防止软件清除有用的像素，一般不建议启用该功能，可以在后期处理软件中手动进行处理。

❶ 在**拍摄菜单** 3 中选择**除尘数据**选项

❷ 转动速控转盘◯选择**确定**选项

焦距：500mm　光圈：F4　快门速度：1/400s　感光度：ISO1600

Chapter **12**

掌握自定义相机操作设定

防止无存储卡时操作

如果希望在相机未安装存储卡时禁止拍摄操作，可以通过设置"未装存储卡释放快门"菜单来实现。

■启用：选择此选项，未安装储存卡时仍然可以按下快门，但照片无法被存储。

■关闭：选择此选项，如果未安装储存卡时按下快门，快门按钮无法被按下。

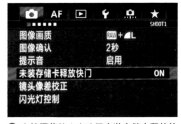

❶ 在**拍摄菜单 1** 中选择**未装存储卡释放快门**选项

 高手点拨

为了避免操作失误而导致错失拍摄良机，建议将该选项设置为"关闭"。

❷ 转动速控转盘 ◎ 选择**启用**或**关闭**选项

▲ 如果遇到这么难得一见的美景，却发现按了多次快门而没有装存储卡该是多么懊恼的事情啊（焦距：16mm　光圈：F8　快门速度：1/5s　感光度：ISO100）

设置"多功能锁"以避免误改设置

Canon EOS 7D Mark Ⅱ相机的主拨盘🔆、速控转盘◯、多功能控制钮✤及自动对焦区域选择杆♂，在设置参数时操作起来很方便。但是它们离相机手柄的位置很近，有时会不小心误改设置。为了防止误操作的发生，可以在"多功能锁"菜单中选择要锁定的项目，然后将多功能锁LOCK▶推至右边锁定，以避免即使拨动也不会造成设置更改。当将多功能锁LOCK▶推至左边时则解除锁定。

❶ 在**自定义功能菜单**3中选择**多功能锁**选项

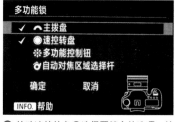

❷ 转动速控转盘◯选择要锁定的选项，然后按下 SET 按钮勾选

❸ 转动速控转盘◯选择选择**确定**并按下 SET 按钮

设置"对新光圈维持相同曝光"

在M全手动模式下，并且是手动选择感光度的设置时，当更换镜头、安装或移除增距镜或使用最大光圈不恒定的变焦镜头拍摄时，可能会出现由于光圈变小导致画面曝光不足的情况。例如，在先期拍摄时使用的光圈为F1.8，当更换为最大光圈为F3.5的镜头进行拍摄时，由于光圈变小，整个画面必然欠曝。在这种情况下，一般是通过更改快门速度或提高ISO感光度来获得正常曝光。

❶ 在**自定义功能菜单**1中选择**对新光圈维持相同曝光**选项

Canon EOS 7D Mark Ⅱ新加入了"对新光圈维持相同曝光"功能，在此菜单中，可以选择"ISO感光度"或"快门速度"选项，使相机自动改变ISO感光度或快门速度，使摄影师在使用新的光圈拍摄时，仍然维持画面整体曝光正常。

❷ 转动速控转盘◯选择一个选项，然后按下 SET 按钮

- 关闭：选择此选项，相机不会自动改变设置以保持相同的曝光，需要摄影师手动更改设置。
- ISO感光度：选择此选项，相机自动增加ISO感光度，以保持相同的曝光。
- 快门速度：选择此选项，相机自动降低快门速度，以保持相同的曝光。

设置快门速度范围

C anon EOS 7D Mark Ⅱ 相机的快门速度范围在 1/8000s~30s 之间，但是一般情况下用不着这么大范围的快门速度。

在此菜单中摄影师可以自定义设定快门速度范围，最高速度范围可以在 1/8000 秒至 15 秒之间设定；最低速度可以在 30 秒至 1/4000 秒之间设定。

通过缩小快门速度范围，可以提高选择快门速度操作的效率。在快门优先 Tv 和全手动 M 模式下，摄影师可以在所设定范围内手动选择一个快门速度值，在光圈优先 Av 和程度自动 P 模式下，相机自动在所设定范围内选择快门速度值。

❶ 在**自定义功能菜单** 2 中选择**快门速度范围设置**选项

❷ 转动速控转盘○选择**最高速度**或**最低速度**选项，然后按下 SET 按钮

❸ 若在第❷步中选择了**最高速度**选项，转动速控转盘○选择最高快门速度值

❹ 若在第❷步中选择了**最低速度**选项，转动速控转盘○选择最低快门速度值

设置光圈范围3

在此菜单中，摄影师则可以自定义设定光圈值范围，与设置快门速度范围不同的是，可设定的光圈范围值，因镜头的最大光圈和最小光圈而异。

❶ 在**自定义功能菜单** 2 中选择**光圈范围设置**选项

❷ 转动速控转盘○选择**最小光圈（最大 f/)** 或**最大光圈（最小 f/)** 选项，然后按下 SET 按钮

❸ 若在第❷步中选择了**最小光圈（最大 f/)** 选项，转动速控转盘○选择最小光圈值

❹ 若在第❷步中选择了**最大光圈（最小 f/)** 选项，转动速控转盘○选择最大光圈值

Tv/Av设置时的转盘转向

利用"Tv/Av设置时的转盘转向"菜单可以根据摄影师的不同习惯设置转盘的方向,有些摄影师可能习惯顺时间方向拨动转盘,而另一些摄影师则习惯逆时针方向拨动转盘。

- 正常:选择此选项,则不会颠倒设置快门速度和光圈值时转盘的转动方向。
- 反方向:选择此选项,将会颠倒设置快门速度和光圈值时转盘的转动方向。

❶ 在**自定义功能菜单**2中选择Tv/Av**设置时的转盘转向**选项

❷ 转动速控转盘○选择一种转盘旋转的方式

设置照片文件编号形式

使用Canon EOS 7D Mark Ⅱ拍摄照片时,照片的序号是按相机默认的规则顺序排列的,但这种序号排列规则,可以通过"文件编号"菜单进行重新定义。

- 连续编号:选择此选项,则相机将会以0001至9999的顺序,自动对照片文件进行编号,即使建立新文件夹及更换储存卡编号也不会因此中断。
- 自动重设:选择此选项,则在建立新文件夹及更换储存卡后将会重新编号,适合存放成组的照片。
- 手动重设:选择此选项,则允许用户手动对照片进行编号。

❶ 在**设置菜单**1中选择**文件编号**选项

❷ 转动速控转盘○选择一个选项,然后按下 SET 按钮确认即可

高手点拨

合理选择文件编号方式有利于用户更加简单而科学地检索照片。建议选择"连续编号"选项,这样当照片文件较多时,可以用搜索的方式快速找到自己需要的照片。

设置液晶屏的亮度

通常应将液晶监视器的明暗调整到与最后的画面效果接近的亮度，以便于查看拍摄的结果是否满意，若不满意，可随时修改相机的设置，以得到曝光合适的画面。

在环境光线较暗的地方拍摄时，为了便于查看，还可将液晶屏的显示亮度调得低一些，这样不仅可以保证看清楚照片，还能够节省相机的电力。

- 自动：选择此选项，相机将会自动将液晶监视器的亮度调节为最佳观看亮度，并可以在三个亮度级别上进行微调。
- 手动：选择此选项，可以对液晶监视器的亮度进行七个亮度级别的调整。在环境光线比较复杂时可以手动调节液晶监视器的亮度，便于通过液晶监视器准确地查看照片的曝光情况。

高手点拨

当将"液晶屏的亮度"设置为"自动"时，不要让手指或其他物体遮挡住外部的环境光感应器。

红圈内为环境光感应器

❶ 在**设置菜单 2** 中选择**液晶屏的亮度**选项

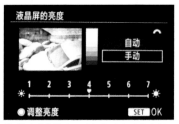
❷ 转动速控转盘○选择**自动**或**手动**选项，转动速控转盘○即可调整液晶屏的亮度，然后按下 SET 按钮

▼ 虽然液晶屏显示的照片色彩鲜亮，但当将照片导到电脑上查看时，可能会发现照片实际上并没有那么鲜亮，因此通过查看柱状图了解曝光情况更准确（焦距：17mm　光圈：F11　快门速度：1/6s　感光度：ISO100）

自动对焦微调

在拍摄时，可能会发现有对焦不准的情况，如果确定不是由于人为的原因（如抖动、进行了二次构图等操作），那么就可能是镜头自身跑焦造成的，越是大光圈的镜头，则出现跑焦的概率就越大，此时，可以使用"自动对焦微调"功能进行适当的校正。

Canon EOS 7D Mark Ⅱ 为用户提供了两种调整方式，即所有镜头统一调整和按镜头调整。

■ 关闭：选择此选项，则不使用自动对焦微调功能。

■ 所有镜头统一调整：选择此选项，则对所有镜头按相同的调整量进行调整。

■ 按镜头调整：选择此选项，则可以对单独某一镜头设置调整量。

❶ 在**对焦菜单** 5 中选择**自动对焦微调**选项

❷ 转动速控转盘 ◯ 选择**所有镜头统一调整**或**按镜头调整**选项，然后按下 INFO. 按钮，转动速控转盘 ◯ 进行调整，调整完后按下 SET 按钮确认

▼ 使用大光圈镜头拍摄的画面中清晰点经常出现在合焦位置的后面，启用"自动对焦微调"功能后，画面中的清晰点和对焦点重合，落在画面中央的黄花上（焦距：100mm 光圈：F4 快门速度：1/1600s 感光度：ISO400）

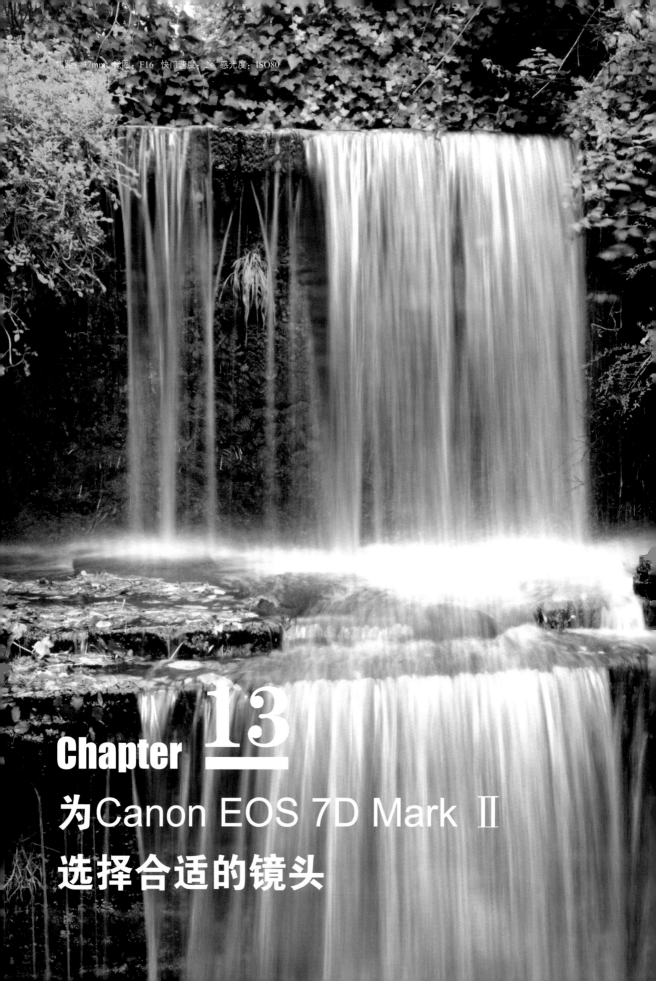

焦距：37mm 光圈：F16 快门速度：2s 感光度：ISO80

Chapter 13

为Canon EOS 7D Mark Ⅱ
选择合适的镜头

Canon EOS镜头名称解读

镜头名称中包括了很多数字和字母，EF系列镜头采用了独立的命名体系，各数字和字母都有特定的含义，能够熟记这些数字和字母代表的含义，就能很快地了解一款镜头的性能。

EF 24-105mm F4 L IS USM
① ② ③ ④

① 镜头种类

■ EF

适用于 EOS 相机所有卡口的镜头均采用此标记。如果是 EF，则不仅可用于胶片单反相机，还可用于全画幅、APS-H 尺寸以及 APS-C 尺寸的数码单反相机。

■ EF-S

EOS 数码单反相机中使用 APS-C 尺寸图像感应器机型的专用镜头。S 为 Small Image Circle（小成像圈）的字首缩写。

■ MP-E

最大放大倍率在 1 倍以上的"MP-E 65mm F2.8 1-5x 微距摄影"镜头所使用的名称。MP 是 Macro Photo（微距摄影）的缩写。

■ TS-E

可将光学结构中一部分镜片倾角或偏移的特殊镜头的总称，也就是人们所说的"移轴镜头"。佳能原厂有 24mm、45mm、90mm 共 3 款移轴镜头。

② 焦距

表示镜头焦距的数值。定焦镜头采用单一数值表示，变焦镜头分别标记焦距范围两端的数值。

③ 最大光圈

表示镜头所拥有最大光圈的数值。光圈恒定的镜头采用单一数值表示，如 EF 70-200mm F2.8 L IS USM；浮动光圈的镜头标出光圈的浮动范围，如 EF-S 18-135mm F3.5-5.6 IS。

④ 镜头特性

■ L

L 为 Luxury（奢侈）的缩写，表示此镜头属于高端镜头。此标记仅赋予通过了佳能内部特别标准的、具有优良光学性能的高端镜头。

■ II、III

镜头基本上采用相同的光学结构，仅在细节上有微小差异时，添加该标记。II、III 表示是同一光学结构镜头的第 2 代和第 3 代。

■ USM

表示自动对焦机构的驱动装置采用了超声波马达（USM）。USM 将超声波振动转换为旋转动力从而驱动对焦。

■ 鱼眼（Fisheye）

表示对角线视角 180°（全画幅时）的鱼眼镜头。之所以称之为鱼眼，是因为其特性接近于鱼从水中看陆地的视野。

■ SF

被佳能 EF 135mm F2.8 SF 镜头使用。其特征是利用镜片 5 像差之一的"球面像差"来获得柔焦效果。

■ DO

表示采用 DO 镜片（多层衍射光学元件）的镜头。其特征是可利用衍射改变光线路径，只用一片镜片对各种像差进行有效补偿，此外还能够起到减轻镜头重量的作用。

■ IS

IS 是 Image Stabilizer（图像稳定器）的缩写，表示镜头内部搭载了光学式手抖动补偿机构。

■ 小型微距

最大放大倍率为 0.5 的"EF 50mm F2.5 小型微距"镜头所使用的名称。表示是轻量、小型的微距镜头。

■ 微距

通常将最大放大倍率在 0.5~1 倍（等倍）范围内的镜头称为微距镜头。EF 系列镜头包括了 50~180mm 各种焦段的微距镜头。

■ 1-5x微距摄影

数值表示拍摄可达到的最大放大倍率。此处表示可进行等倍至 5 倍的放大倍率拍摄。在 EF 镜头中，将具有等倍以上最大放大倍率的镜头称为微距摄影镜头。

① 镜头种类	② 焦距
③ 最大光圈	④ 镜头特性

镜头焦距与视角的关系

每款镜头都有其特定的焦距，焦距不同，相应的拍摄范围（即视角）也会有很大的变化。下面的图示展示了不同焦距的镜头在拍摄照片时视角的区别。

镜头类型	镜头焦距	在APS-C画幅上的视角	实拍图像	说　明
超广角	10 mm	 107°		上下左右的视野范围都很广，因此画面内水面比例也比较大。这张照片可以表现周围景物的情况，交代了环境与拍摄季节
广角	18 mm	 74°		水面及周围景物减少，照片的主体变成了建筑物。这是展现整体的视角，因此不少EF-S标准变焦镜头的变焦范围都从18mm开始
标准	50 mm	 30°		周围景色被大范围剪裁掉，因此视线能向建筑物的造型集中。作为主体的建筑物非常清晰，天空则作为背景来突出建筑
长焦	100 mm	 15°		建筑物占据更大的画面，主体被进一步限定。换算成35mm规格焦距，此镜头在Canon EOS 7D Mark Ⅱ上可以得到相当于160mm焦距的视角，长焦镜头的特点被进一步加强
超长焦	250 mm	6°		只能拍摄非常小的部分。因为长焦镜头的拉近效果，屋顶的细节十分清晰。视角很狭窄，天空只能摄入一小部分

由于不同焦距镜头的视角不同，因此，不同焦距镜头适用的拍摄题材也不一样，比如焦距短、视角宽的镜头常用于拍摄风光；而焦距长、视角窄的镜头常用于拍摄体育比赛、鸟类等题材。

理解Canon EOS 7D Mark Ⅱ 的焦距转换系数

Canon EOS 7D Mark Ⅱ 使用的是 APS-C 画幅的 CMOS 感光元件（22.3mm×14.9mm），由于其尺寸要比全画幅的感光元件（36mm×24mm）要小，因此其视角也会变小（即焦距变长）。但为了与全画幅相机的焦距数值统一，也为了便于描述，一般通过换算的方式得到一个等效焦距，其中佳能 APS-C 画幅相机的焦距换算系数为 1.6。

因此，在使用同一支镜头的情况下，如果将其装在全画幅相机上，其焦距为 100mm；那么将其装在 Canon EOS 7D Mark Ⅱ上时，其焦距就变为了 160mm，用公式表示为：APS-C 等效焦距 = 镜头实际焦距 × 转换系数（1.6）。

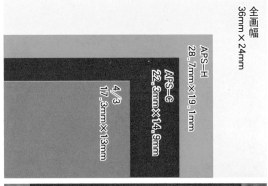

▼ 假设右图是使用全画幅相机拍摄的照片，那么在相同情况下，使用 Canon EOS 7D Mark Ⅱ相机就只能拍摄到右图红色框中所示的范围，放大图如下图所示

定焦与变焦镜头

定焦镜头的焦距不可调节，它具有光学结构简单、最大光圈很大、成像质量优异等特点，在相同焦段情况下，定焦镜头往往可以和价值数万元的专业镜头媲美。其缺点是由于焦距不可调节，机动性较差，不利于拍摄时进行灵活构图。

变焦镜头的焦距可在一定范围内变化，例如，EF 70-200mm F2.8 L IS USM 这支镜头的焦距，可以通过旋转变焦环从 70mm 的中焦端，逐渐变化到 200mm 的长焦端。变焦镜头的光学结构复杂、镜片片数较多，使得它的生产成本高，少数恒定大光圈、成像质量优异的变焦镜头价格昂贵，通常在万元以上。另外，变焦镜头的最大光圈较小，能够达到恒定 F2.8 光圈就已经是顶级镜头了，当然在售价上也是"顶级"的。

变焦镜头解决了摄影师为拍摄不同景别和环境时走来走去的难题，由于生产技术日益提高，现在顶级的变焦镜头已经能够提供与定焦镜头相当的画质。

▲ 佳能 EF 70-200mm F2.8L Ⅱ IS USM 变焦镜头

焦距：200mm　光圈：F5.6　快门速度：1/800s　感光度：ISO200

焦距：85mm　光圈：F3.2　快门速度：1/500s　感光度：ISO320

焦距：70mm　光圈：F2.8　快门速度：1/250s　感光度：ISO200

▲ 在这组照片中，摄影师只是在较小的范围内移动，就拍摄到了完全不同景别和环境的照片，这都得益于使用了变焦镜头的不同焦距

广角镜头

广角镜头的特点

广角镜头的焦距段在 10mm~35mm 之间，其特点是视角广、景深大和透视效果好，不过成像容易变形，其中焦距为 10mm~24mm 的镜头由于焦距更短，视角更广，被称为超广角镜头。在拍摄风光、建筑等大场面景物时，可以有效地表现景物雄伟壮观的气势。

常见的佳能定焦广角镜头有 EF 35mm F1.4 L USM、EF 28mm F1.8 USM、EF 14mm F2.8 L Ⅱ USM 等；而变焦广角镜头则以 EF 16-35mm F2.8 L Ⅱ USM 及 EF 17-40mm F4 L USM 等为代表。

广角镜头在风景摄影中的应用

拍摄风光片时，广角镜头是最佳选择之一，利用广角镜头强烈的透视感可以突出画面的纵深感，因此广角常用来表现花海、山脉、海面、湖面等需要宽广的视角展示整体气势的摄影主题。

在拍摄时，可在画面中引入线条、色块等元素，以便充分发挥广角镜头的线条拉伸作用，增强画面的透视感，同时利用前景、远景的对比来突出画面的空间感。

▲ 使用广角镜头拍摄的风光照片视野开阔，近大远小的透视关系使得画面很有空间纵深感（焦距：16mm 光圈：F16 快门速度：3s 感光度：ISO100）

广角镜头在建筑摄影中的应用

由于建筑摄影中的被摄对象，往往有明显、清晰的线条，因此使用广角镜头可以明显拉伸建筑物的线条，增强画面的透视感。

例如，如果要将城市的繁华与恢宏尽收于画面之中，就应该使用广角镜头，而且拍摄时要选择位置较高、视野开阔的地点，以横画幅来展现都市开阔、宏伟的规模。如果要拍摄的城市依山而建，可借助山丘居高临下俯视拍摄都市全景，也可以在高楼、大桥、较宽阔的十字路口拍摄，同样能够营造出深远的画面意境。

如果利用广角镜头来拍摄高耸的高楼大厦，应该采用竖画幅，以仰视的角度进行拍摄，从而突出都市摩天大楼直插天际的高耸感觉。

▲ 使用广角镜头俯拍城市夜景，将其恢宏的气势突出表现出来（焦距：22mm 光圈：F10 快门速度：2s 感光度：ISO100）

佳能 EF 17-40mm F4 L USM | 经济实惠的红圈广角镜头

这款镜头是"佳能小三元"中的一员，跟"大三元"中的 EF 16-35mm F2.8 相比，只是小了一挡光圈而已，这款镜头只要 5000 元左右就可买到，比不少 EF-S 镜头还便宜。

这款镜头使用了一片 UD 超低色散镜片，能有效减少光线的色散，提高镜头的反差和分辨率，还使用了 3 片非球形镜片，大大地降低了广角成像畸变。

它的成像质量非常优异，配得上红圈 L 头的称号，广角畸变的控制异常出色。装在 Canon EOS 7D Mark Ⅱ 上，等效焦距是 27~64mm，和 28~70mm 的焦距范围非常接近，适合拍摄风光，同时也能满足其他日常拍摄的要求。

需要特别指出的是，这款镜头拥有很高的光学性能，在最大光圈下便可获得锐利成像。方面了实时显示拍摄时的手动对焦。特别是在夜景拍摄中，彗星像差（圆形光变形为椭圆形光的现象）较少，图像周边画质稳定，可进行精确的对焦，且不必大幅收缩光圈也能获得良好的画质。

镜片结构	9组12片
光圈叶片数	7
最大光圈	F4
最小光圈	F22
最近对焦距离（cm）	28
最大放大倍率	0.24
滤镜尺寸（mm）	77
规格（mm）	83.5×96.8
重量（g）	475

▼（焦距：30mm 光圈：F16 快门速度：2s 感光度：ISO200）

中焦镜头

中焦镜头的特点

一般来说，35~135mm 焦段都可以称为中焦，其中 50mm、85mm 镜头都是常用的中焦镜头。中焦镜头的特点是镜头的畸变相对较小，能够较真实地还原拍摄对象，因此在拍摄人像、静物等题材时应用非常广泛。

常见的佳能定焦中焦镜头有 EF 85mm F1.2 L Ⅱ USM、EF 50mm F1.2 L USM 等，而变焦广角镜头则以 EF 24-70mm F2.8 L USM 及 EF 24-105mm F4 L IS USM 等为代表。

中焦镜头在人像摄影中的应用

使用中长焦镜头拍摄人像时，可避免由于拍摄距离过远或过近而产生的疏离感或压迫感，以便于抓拍到模特最真实的表情。适当缩小光圈后，能够将部分环境纳入画面中，这样可更写实地表现出模特的特质。

如果是在较杂乱的环境中拍摄，可通过拉远人物与背景之间的距离来模糊背景、简化画面，使模特在画面中显得更加突出。使用中焦镜头拍摄人像具有变形小的优点，以平视角度拍摄的画面看起来很舒服。

▲ 使用中焦镜头拍摄的人像比较自然，画面看起来很舒服（焦距：95mm 光圈：F5.6 快门速度：1/500s 感光度：ISO100）

中焦镜头在自然风光摄影中的应用

虽然，中焦镜头又被称为"人像镜头"，多用于人像拍摄，但这并不代表中焦镜头不能拍摄风光。实际上，由于中焦镜头能够产生一定的画面压缩透视效果，因此在风光摄影中也常被用到。

例如，在拍摄森林时，使用中焦镜头平视拍摄，能够产生树木紧贴的效果，使画面中的树木看上去更密集。另外，中焦镜头也常被用于表现景物的局部，例如，表现外形完美的花瓣、质感强烈的礁石等。

▲ 利用中焦镜头截取树木的树干部分进行拍摄，使树林看上去更加密集，从而增加了画面的形式感（焦距：35mm 光圈：F4 快门速度：1/125s 感光度：ISO400）

EF 50mm F1.8 Ⅱ ｜ 平民化大光圈标准镜头之首选

这是一款胶片时代的标准镜头，虽然外形稍显简陋，做工也一般，镜身和卡口都是塑料材质，但成像质量却非常优异，还具有 F1.8 的超大光圈，可以获得非常漂亮的虚化效果，所以非常值得广大摄友拥有。

EF 50mm F1.8 Ⅱ 作为佳能廉价版的标准镜头，价格十分便宜，仅需 600 元左右就可以买到。由于使用在 Canon EOS 7D Mark Ⅱ 上焦距要乘以 1.6，变成了 80mm 的等效焦距，因而十分适合拍摄人像。而佳能 EF 85mm F1.8 这款人像镜头却要比其贵 4 倍多。

这款镜头没有搭载超声波马达，所以对焦速度显得有点慢，而且声音非常大。但这些缺点对于普通的摄影爱好者来说，是可以忽略不计的，更多摄友看好的是它的成像质量。

镜片结构	5组6片
光圈叶片数	8
最大光圈	F1.8
最小光圈	F22
最近对焦距离（cm）	45
最大放大倍率	0.15
滤镜尺寸（mm）	52
规格（mm）	68.2×41
重量（g）	130

（焦距：50mm 光圈：F2 快门速度：1/1000s 感光度：ISO400）

EF 24-105mm F4 L IS USM｜高性价比的标准变焦镜头

由于这款镜头经过了数码优化，因此用在数码单反相机上时，其性能要更加优异一些。这款拥有 F4 大光圈的标准变焦 L 镜头，使用了 1 片超低色散（UD）镜片和 3 片非球面镜片，能有效控制畸变和色差。内置的 IS 影像稳定器，能够提供相当于提高三挡快门速度的抖动补偿。多层超级光谱镀膜以及优化的镜片排放位置，可以有效抑制鬼影和眩光的产生。采用了圆形光圈并可全时手动对焦，还具有良好的防尘、防潮性能。

总的来说，该镜头全焦段都可以放心使用，光学素质比较平均，没有大的起伏。这款镜头的主要优点是通用性强、综合性能优异；缺点是变形大、边缘画质一般、四角失光较严重。所以，只要使用时想办法扬长避短，还是可以拍出高质量照片的。需要特别指出的是，这款镜头的最大光圈虽是 F4，但却拥有出色的虚化效果，可通过虚化获得令人印象深刻的效果。虽然虚化程度是由光圈大小决定的，但虚化效果的良莠则是与镜头结构等有关。该镜头针对专业级开发，所以从设计之初，就将虚化效果作为命题之一来考虑。目的是使其兼具美丽的虚化和锐利的成像。

目前，这款镜头的参考售价约为 7200 元。

镜片结构	13组18片
光圈叶片数	8
最大光圈	F4
最小光圈	F22
最近对焦距离（cm）	45
最大放大倍率	0.23
滤镜尺寸（mm）	77
规格（mm）	83.5×107
重量（g）	670

▼（焦距: 70mm 光圈: F4 快门速度: 1/500s 感光度: ISO200）

长焦镜头

长焦镜头的特点

长焦镜头也叫"远摄镜头"，具有"望远"的功能，能拍摄距离较远、体积较小的景物，通常拍摄野生动物或容易被惊扰的对象时会用到长焦镜头。长焦镜头的焦距通常在135mm以上，一般有135mm、180mm、200mm、300mm、400mm、500mm等几种，而焦距在300mm以上的镜头被称为"超长焦镜头"。长焦镜头具有视角窄、景深小、空间压缩感较强等特点。

常见的佳能定焦长焦镜头有 EF 135mm F2 L USM、EF 200mm F2 L IS USM、EF 400mm F2.8 L IS USM 等，而长焦变焦镜头则以 EF 70-200mm F2.8 L Ⅱ IS USM 及 EF 100-400mm F4.5-5.6 L IS USM 等为代表。

使用长焦镜头虚化背景以突出动物或飞鸟

在拍摄动物时，通常要使用长焦镜头，因为如果拍摄时身处野外，只有使用长焦镜头，摄影师才能在较远的距离进行拍摄，从而避免被摄动物由于摄影师的靠近，受到惊吓而逃走，也可以避免摄影师过于靠近凶猛的动物而受到伤害；如果拍摄的是动物园中的动物，也必须使用长焦镜头，因为摄影师通常无法靠近这些动物。

另外，在户外拍摄动物时，使用长焦镜头可以获得较好的背景虚化效果，便于突出被拍摄主体的形象。

▼ 使用长焦镜头可以轻易拍下野生动物们悠哉的生活场景，画面真实、自然，能打动人（焦距：500mm　光圈：F5.6　快门速度：1/1200s 感光度：ISO800）

在拍摄鸟类时，长焦镜头更是必备器材。在拍摄高空中的飞鸟时，至少要用300mm 的长焦镜头；而要拍摄特写的话，600mm 左右的超长焦镜头是最好的选择。

▶ 摄影师通过长焦镜头对背景进行虚化，使鸟儿在画面中脱颖而出（焦距：400mm 光圈：F5 快门速度：1/4000s 感光度：ISO1600）

长焦镜头在建筑风光摄影中的应用

不同的建筑看点不同，有些建筑美在造型，如国家大剧院、鸟巢，有些建筑则美在细节，如故宫、布达拉宫，这并不是否定一些建筑的细节或另一些建筑的整体，而仅仅是从相对的角度分析拍摄不同的建筑时，更应该关注整体还是局部。

对于那些美在整体的建筑，当然应该用广角镜头尽量表现其整体感，而另一些建筑则应该用长焦镜头以近景甚至是特写的景别表现那些容易被游人忽略的细节，通过刻画这些细节，使建筑的设计与建造者的聪明才智得以充分体现。

利用长焦变焦镜头将建筑的细节表现得很清晰，突出了异国建筑的特点（焦距：200mm 光圈：F8 快门速度：1/200s 感光度：ISO200）

长焦镜头在人像摄影中的应用

很多人像摄影师都习惯于使用85mm的定焦镜头拍摄人像，因为采用85mm左右的焦距拍摄时，摄影师与模特之间能够进行良好的沟通，而且由于镜头光圈较大，因此可以得到较好的虚化效果。

实际上，在拍摄人像时，长焦镜头也经常被用到，尤其当摄影师手中没有大光圈镜头时，要想拍出漂亮的背景虚化效果，非长焦镜头莫属。

▲ 使用长焦镜头拍摄人像时，可虚化背景，从而使画面中的人物显得更加突出（焦距：200mm 光圈：F6.3 快门速度：1/500s 感光度：ISO100）

利用长焦镜头拍摄真实自然的儿童照

在为儿童拍摄照片时，为了避免孩子们看到有人给自己拍照而感到紧张，最好能用长焦镜头，这样摄影师可以站在相对较远的位置，拍摄到孩子最真实、自然的神态。

这一点实际上与为某些对镜头敏感的成人拍照颇有相似之处，只不过孩子在这方面更敏感一些。当然，如果能让孩子完全无视摄影师的存在，这个问题也就迎刃而解了。

一个比较好的方法是，让孩子将摄影当做一场游戏，使其参与到这场游戏中，从而在与其互动的过程中捕捉到精彩的画面。

▲ 摄影师选择长焦镜头位于较远距离进行抓拍，同时结合虚化背景的处理减少拍摄儿童时复杂环境的干扰，最终使儿童调皮、可爱的天性瞬间跃然画面之上（焦距：135mm 光圈：F3.2 快门速度：1/400s 感光度：ISO200）

高手点拨

拍摄时使用的长焦镜头最好带有防抖功能，或者使用比安全快门更高的快门速度，否则使用长焦端拍摄时，手部轻微的抖动，都可能导致拍出的照片模糊。

长焦镜头在体育、纪实摄影中的应用

在拍摄体育类照片时，通常不太可能在赛场中拍摄，而是在举办方指定的摄影场地拍摄，这就决定了摄影师必须使用长焦镜头，才有可能拉近远处的运动员。通常所使用的镜头焦距都应该在 200mm 甚至 300mm 以上，这也是为什么在欣赏比赛时，场边"长枪大炮"特别多的原因。

另外，拍摄体育纪实时，为了将运动员精彩的运动瞬间定格下来，应选择较高的快门速度。如果是在户外拍摄正常走动的运动员，使用 1/250s 左右的快门速度即可；如果运动员做幅度较大的剧烈运动，则应该设置更高的快门速度。

在拍摄之前，应该预先做好测光和构图工作，避免被摄者冲出画面之外而失去拍摄时机。这种情况多出现在高速运动的人像拍摄中，往往是摄影师还没有来得及改变构图，人物的运动就已经完成了。

而对于拍摄纪实照片而言，很重要的一点是务必使画面真实而自然地呈现出人物当时的状态，如争斗、织布、洗衣、纺纱等，因为很少有人注意到自己在被摄影师拍摄时，还能保持自然的表情和动作，因此，拍摄时最好使用长焦镜头，当然这也要视被摄对象距离摄影师的距离而定。

▲ 使用长焦镜头拍摄纪实摄影，画面中骑在父亲脖子上的小男孩安然地靠在父亲头上睡着了，在被摄者完全没察觉的情况下，这充满温情的一幕被生动地记录了下来（焦距：185mm　光圈：F4.5　快门速度：1/320s　感光度：ISO200）

▶ 摄影师采用长焦镜头拍摄到足球运动员在比赛中的精彩瞬间，画面干净，主体突出（焦距：400mm　光圈：F2.8　快门速度：1/500s　感光度：ISO3200）

EF 70-200mm F2.8 L IS Ⅱ USM丨顶级技术造就出的顶级镜头

这款"爱死小白"的第二代产品,被人亲昵地冠以"小白兔"的绰号,它与 Canon EOS 7D Mark Ⅱ 接装在一起,不论是名字还是性能,都相当般配。

作为佳能 EOS 顶级 L 镜头的代表,它采用了 5 片 UD(超低色散)镜片和 1 片萤石镜片,对色像差具有良好的补偿作用。在镜头对焦镜片组(第 2 组镜片)配置的 UD(超低色散)镜片,可以对对焦时容易出现的倍率色相差进行补偿。采用优化的镜片结构以及超级光谱镀膜,可以有效抑制眩光与鬼影的产生。全新的 IS 影像稳定器可带来相当于约 4 挡快门速度的抖动补偿效果。

需要特别指出的是,这款镜头合焦部分的锐利和焦外柔美的虚化,甚至能与定焦镜头相匹敌。长时间随身携带来说虽有些重,但充分发挥实力时则格外出色,从风光到人像甚至体育摄影,其运用范围相当广泛。

总的来说,这款镜头囊括了佳能几乎所有的高新技术,在性能上绝对有保障,但 1.4 万元的售价也确实不是人人负担得起的。

镜片结构	19组23片
光圈叶片数	8
最大光圈	F2.8
最小光圈	F32
最近对焦距离(cm)	120
最大放大倍率	0.21
滤镜尺寸(mm)	77
规格(mm)	88.8×199
重量(g)	1490

▼(焦距:200mm 光圈:F4 快门速度:1/320s 感光度:ISO250)

EF 70-200mm F4 L IS USM｜高画质的轻量级中长焦变焦镜头

作为比 70-200mm F2.8 Ⅱ IS 低一挡，被称为"爱死小小白"的镜头，以仅有 760g 的体重、低廉的价格，成为一款具有高机动性、高性价比的镜头。

这款镜头内置了最新的 IS 防抖系统，可获得相当于 4 挡左右快门速度的手抖动补偿效果，同时还增加了三脚架自动识别功能，以防止防抖系统的误操作。

相对于上一代的 F4 镜头，这款 F4 IS 镜头的镜片结构由 13组16片增至 15组20片，其中包括了一片萤石镜片及两片 UD(超低色散)镜片，为提高画质、控制色差等提供了极大的保障。

略有遗憾的是，这款镜头的定价相对较高，与 F2.8 不带IS "小白"的价格基本相当，如果需要大光圈，则可以考虑F2.8 镜头；如果需要带有 IS 系统，则可以考虑 F4 IS 镜头。

需要特别指出的是，这款镜头由于最大光圈为 F4，因此镜头本身短小精悍，可直立放入中型相机包中携带。所以，这款镜头适用在需要随时移动的旅行或生态摄影中使用。同时，它也深受领域内众多专业摄影师的厚爱。其高画质可媲美定焦镜头，将远景的细节细腻再现。

目前，这款镜头的参考售价约为 8200 元。

镜片结构	15组20片
光圈叶片数	8
最大光圈	F4
最小光圈	F32
最近对焦距离（cm）	120
最大放大倍率	0.21
滤镜尺寸（mm）	67
规格（mm）	76×172
重量（g）	760

▼（焦距：200mm　光圈：F4　快门速度：1/400s 感光度：ISO100 ）

微距镜头

微距镜头的特点

微距镜头主要用于近距离拍摄物体，它具有 1：1 的放大倍率，即成像与物体实际大小相等，其焦距通常有 60 mm、100 mm、180 mm 几种。微距镜头被广泛地用于拍摄花卉、昆虫等体积较小的对象，也可用于翻拍旧照片。

微距镜头在昆虫与花卉摄影中的应用

微距镜头是拍摄昆虫、花卉等对象的最佳选择，因为微距镜头可以按照 1：1 的放大倍率对被摄体进行放大，这种效果是其他镜头无法比拟的。

因此，无论是表现昆虫羽翼的图案、艺术品般的复眼，还是花瓣精细的纹理、花蕊的结构，微距镜头都能够将其清晰地呈现在画面中。此外，由于使用微距镜头拍摄的画面景深通常都比较小，因此可虚化无关的背景，使画面纯净、主体突出。

要注意的是，微距镜头的景深非常浅，使用时要注意对焦的精准性，通常采用手动对焦方式进行对焦。

▼ 使用微距镜头拍摄花卉，将花卉精细的结构以及纹理清晰地呈现出来，给人以唯美、震撼的视觉感受（焦距：90mm 光圈：F7.1 快门速度：1/30s 感光度：ISO100）

克服"新百微"手持微距拍摄对焦难问题

很多拍摄者都喜欢使用微距镜头拍摄花卉、昆虫等题材，而且在拍摄时，为了获得更好的虚化效果，或更充足的进光量，很多时候需要使用较大的光圈。此时，只能对花朵上极小的面积进行合焦，无论是拍摄者本身还是花卉发生的微小抖动都可能导致画面发虚，在手持拍摄时这一情况尤其明显。

Canon EOS 7D Mark Ⅱ与"新百微"镜头相互配合，则可以较好地解决这一系列难题。首先，将Canon EOS 7D Mark Ⅱ的自动对焦模式设定为"人工智能伺服自动对焦"，然后选择希望合焦部位的对焦点进行合焦。

此外，在拍摄中无论是因为手持拍摄导致身体晃动，还是因为风吹导致花朵晃动，都可以通过Canon EOS 7D Mark Ⅱ强大的自动对焦系统，对所需合焦的位置保持持续对焦。而"新百微"镜头由于有"双重IS"功能，可以对相机的倾斜抖动与平移抖动同时进行矫正。

因此，Canon EOS 7D Mark Ⅱ配合"新百微"镜头，能够保证即使手持拍摄微小的物体，也可得到清晰锐利的照片。

▼ 使用Canon EOS 7D Mark Ⅱ强大的自动对焦系统，针对正在觅食的蝴蝶头部进行对焦，加上"新百微"以及"双重IS"功能，即使在手持拍摄时发生轻微的抖动，也可以拍摄到如此清晰的画面(焦距：100mm 光圈：F4.5 快门速度：1/160s 感光度：ISO200)

EF 100mm F2.8 L IS USM｜带有防抖功能的专业级微距镜头

在微距摄影中，100mm 左右焦距的 F2.8 专业微距镜头素被人称为"百微"，是各镜头厂商的必争之地。

从尼康的 105mm F2.8 镜头加入 VR 防抖功能开始，各"百微"镜头也纷纷升级加入各自的防抖功能。佳能这款"新百微"就是典型的代表之一，其双重 IS 影像稳定器能够在通常的拍摄距离下实现约相当于 4 级快门速度的手抖动补偿效果；当放大倍率为 0.5 倍时，能够获得约相当于 3 级快门速度的手抖动补偿效果；当放大倍率为 1 倍时，能够获得约相当于 2 级快门速度的手抖动补偿效果，为手持微距拍摄提供了更大的保障。

这款镜头包含了 1 片对色像差有良好补偿作用的 UD（超低色散）镜片，优化的镜片位置和镀膜可以有效抑制鬼影和眩光的产生。为了保证能够得到美丽的虚化效果，镜头采用了圆形光圈，为塑造唯美的景深提供了必要保障。需要特别指出的是，这款镜头和 60mm 级的微距镜头相比拍摄距离更长，除了自然摄影，也适合不能有变形的商品摄影。此外，不光能作为微距镜头使用，作为高性能的中远摄镜头也能灵活运用于各种场景。定焦镜头特有的柔美虚化也是一大魅力，因此，也常用于人像摄影。

目前，这款镜头的参考售价约为 6200 元。

镜片结构	12组15片
光圈叶片数	9
最大光圈	F2.8
最小光圈	F32
最近对焦距离（cm）	30
最大放大倍率	1
滤镜尺寸（mm）	67
规格（mm）	77.7×123
重量（g）	625

▼（焦距：100mm 光圈：F4 快门速度：1/40s 感光度：ISO400）

焦距：55mm 光圈：f/8 快门速度：1/320s 感光度：ISO100

Chapter 14

用滤镜为照片添色增彩

UV镜

　　UV镜也叫"紫外线滤镜"，是滤镜的一种，主要是针对胶片相机而设计的，用于防止紫外线对曝光的影响，提高成像质量和影像的清晰度。而现在的数码相机已经不存在这种问题了，但由于其价格低廉，已成为摄影师用来保护数码相机镜头的工具。因此强烈建议摄友在购买镜头的同时也购买一款 UV 镜，以更好地保护镜头不受灰尘、手印以及油渍的侵扰。

　　除了购买佳能原厂的 UV 镜外，肯高、HOYO、大自然及 B+W 等厂商生产的 UV 镜也不错，性价比很高。

　　绝大部分 UV 镜都是与镜头的最前端拧在一起的，而不同的镜头拥有不同的口径，因此，UV 镜也分为相应的各种口径，读者在购买时一定要注意了解自己所使用镜头的口径，口径越大的 UV 镜，价格也就越高。

UV 镜可以保护镜头，尤其适合在户外拍摄时使用（焦距：17mm　光圈：F5.6　快门速度：1/50s　感光度：ISO200）

偏振镜

什么是偏振镜

偏振镜也叫偏光镜或 PL 镜，在各种滤镜中，是一种比较特殊的滤镜，主要用于消除或减少物体表面的反光。由于在使用时需要调整角度，所以偏振镜上有一个接圈，使得偏振镜固定在镜头上以后，也能进行旋转。

偏振镜分为线偏和圆偏两种，数码相机应选择有"CPL"标志的圆偏振镜，因为在数码单反相机上使用线偏振镜容易影响测光和对焦。

偏振镜由很薄的偏振材料制作而成，偏振材料被夹在两片圆形玻璃片之间，旋拧安装在镜头的前端后，摄影师可以通过旋转前部改变偏振的角度，从而改变通过镜头的偏振光数量。旋转偏振镜时，从取景器或液晶显示屏中观看就会发现光线随着偏振镜的旋转时有时无，色彩饱和度也会随之发生强弱变化，当得到最佳视觉效果时，即可完成拍摄。

▲ 肯高 67mm C-PL（W）偏振镜

实拍应用：用偏振镜压暗蓝天

晴朗天空中的散射光是偏振光，利用偏振镜可以减少偏振光，使蓝天变得更蓝、更暗。加装偏振镜后所拍摄的蓝天，比使用蓝色渐变镜拍摄的蓝天要更加真实，因为使用偏振镜拍摄，既能压暗天空，又不会影像其余景物的色彩还原。

▼ 使用偏振镜配合广角镜头拍摄风光，蓝天显得极其高远、深邃，给人心旷神怡的感觉（焦距：24mm 光圈：F7.1 快门速度：1/320s 感光度：ISO100）

实拍应用：用偏振镜提高色彩饱和度

如果拍摄环境的光线比较杂乱，会对景物的颜色还原产生很大的影响。环境光和天空光在物体上形成反光，会使景物颜色看起来并不鲜艳。使用偏振镜进行拍摄，可以消除杂光中的偏振光，减少杂光对物体颜色还原的影响，从而提高物体的色彩饱和度，使其颜色显得更加鲜艳。

▲ 使用偏振镜拍摄得到高饱和度的画面，增添了画面的感染力（焦距：70mm 光圈：F6.3 快门速度：1/1600s 感光度：ISO400）

实拍应用：用偏振镜抑制非金属表面的反光

使用偏振镜拍摄的另一个优点是可以抑制被摄体表面的反光，例如拍摄水面、玻璃展柜、玻璃橱窗时，表面的反光有时会影响拍摄效果，使用偏振镜则可以削弱水面、玻璃以及其他非金属物体表面的反光，从而拍出更清晰的影像。

▲ 在拍摄水面时，通过旋转偏振镜，可以控制水面反光的强弱

偏振镜使用注意事项

■需重新调整曝光参数：使用偏振镜后会阻碍光线的进入，大约相当于2挡光圈的进光量，故在使用偏振镜时，需要降低约2倍的快门速度，才能拍摄到与未使用时曝光相同的照片。

■避免出现偏振过度：使用偏振镜拍摄的深蓝色天空固然赏心悦目，但也可能出现偏振过度的情况，此时，拍摄出来的天空可能近乎黑色。因此，要使用影像回放功能来检查拍摄效果，并相应调整偏振镜的旋转角度。另外，有时为了拍出最佳效果，可能并不需要使用偏振镜，这点需要特别注意。

■关注偏振镜对水中倒影的影响：当拍摄的场景中有水景时，要特别注意使用偏振镜有可能影响倒影的效果，影响的程度将取决于相机与倒影表面之间的角度。摄影师必须确定，是要深色的蓝天、饱和的色彩，但水中倒影较差的效果，还是要倒影鲜明、天空的蓝色和色彩饱和度都较弱的效果。因此，使用偏振镜拍摄这样的场景时，要仔细旋转偏振镜，并在取景器中仔细观察效果。

■关注偏振镜对色彩饱和度的影响：使用偏振镜时，拍摄时间的选择对照片的色彩饱和度有很大影响，通常清晨和傍晚时分是最佳拍摄时间，此时太阳低垂，天空不易产生眩光，因此使用偏振镜能更容易地拍出饱和度高的照片。另外，以顺光拍摄出来的画面效果要比使用侧光或逆光的拍摄效果更好。

▲ 使用偏振镜拍摄花朵可使其色彩更纯粹、鲜艳

近摄镜与近摄延长管

近摄镜与近摄延长管均可提高普通镜头的放大倍率，从而使普通镜头具有媲美微距镜头的成像效果。其中，近摄镜是一种类似于滤光镜的近摄附件，用其单独观察景物便如同一只放大镜，口径从52mm到77mm不等。

近摄镜可以缩短拍摄距离，通常可以达到1：1的放大比例，对焦范围在3～10mm，按照放大倍率可分为NO.1、NO.2、NO.3、NO.4和NO.10等多种，可根据不同需要进行选择，而且其价格还非常便宜，往往只需要几十元即可，但拍摄到的图像质量不高，属于玩玩可以的器材类型。

近摄延长管是一种安装在镜头和相机之间的中空环形管，安装在相机与镜头之间，缩短了拍摄距离，提高了相机的微距拍摄性能。由于近摄延长管具有8个电子触点，因此安装后相机仍然可以自动测光、对焦。

近摄延长管有两种厚度，EF25 Ⅱ是一种较厚的近摄延长管，其放大倍率较高。需要注意的是，安装近摄延长管后，合焦的范围将仅限于近摄区域，因此只能将距离较近的被摄体拍大，无法对距离相机较远的被摄体进行对焦拍摄。此外，最大放大倍率会随着使用的镜头不同而发生变化。

▲ 采用近摄延长管拍摄的照片，最大放大倍率增加至约0.68倍，成像效果甚至能媲美微距镜头（焦距：50mm 光圈：F5 快门速度：1/250s 感光度：ISO100）

▲ 采用标准定焦镜头拍摄，最大放大倍率约为0.15倍。在拍摄较小的被摄体时，只能得到图示大小的成像效果

▲ MASSA 52mm 口径 +1+2+4 Close-up 近摄镜

▲ 近摄延长管

中灰镜

什么是中灰镜

中灰镜即 ND（Neutral Density）镜，又被称为中性灰阻光镜、灰滤镜、灰片等。其外观类似于一个半透明的深色玻璃，通常安装在镜头前面用于减少镜头的进光量，以便降低快门速度。如果拍摄时环境光线过于充足，要求使用较低的快门速度，此时就可使用中灰镜来降低快门速度。

▲ 肯高 52mm ND4 中灰减光镜

中灰镜的规格

中灰镜分为不同的级数，常见的有 ND2、ND4、ND8 三种，分别代表了可以降低 2、4 和 8 倍的快门速度。例如，在晴朗天气拍摄瀑布时，如果使用 F16 的光圈，得到的快门速度为 1/16s，这样的快门速度无法使水流虚化，此时可以安装 ND4 型号的中灰镜，或安装两块 ND2 型号的中灰镜，使镜头的通光量降低，从而降低快门速度至 1s，即可得到预期的画面效果。

中灰镜各参数对照表				
透光率 （p）	密度 （D）	阻光倍数 （O）	滤镜因数	曝光补偿级数 （应开大光圈的级数）
50%	0.3	2	2	1
25%	0.6	4	4	2
12.5%	0.9	8	8	3
6%	1.2	16	16	4

▼ 在光线充足的天气利用中灰镜拍摄溪流，不但压暗了画面亮度，而且还延长了曝光时间，得到了溪流呈水雾状的画面效果（焦距：18mm　光圈：F16　快门速度：0.6s　感光度：ISO100）

渐变镜

什么是渐变镜

渐变镜是一种一半透光、一半阻光的滤镜。由于此滤镜一半是完全透明的，而另一半是灰暗的，因此具有一半完全透光、一半阻光的作用，其作用是平衡画面的影调关系，是风光摄影必备滤镜之一。

渐变镜有各种颜色，从具有微妙色调的蓝色、珊瑚色和橙色，到具有人工色彩的红色、粉红色和烟草色，一应俱全。

在拍摄风景时，使用带有颜色的渐变镜有助于获得引人注目的效果。但前提是要确保安装正确，如果带有颜色的部分太靠下，渐变镜的涂色部分就会偏离到前景上，使拍摄出来照片前景处的景物被染色，从而破坏了照片的真实感。

不同形状渐变镜的优缺点

渐变镜有圆形与方形两种。圆形渐变镜是安装在镜头上的，使用起来比较方便，但由于渐变是不可调节的，因此只能拍摄天空约占画面50%的照片。圆形渐变镜在使用时，如果镜头不是内对焦或后对焦，那么在对焦过程中，前组镜片会发生移动，导致渐变的位置发生变化，此时就需要在对焦后再调整渐变的角度。

使用方形渐变镜时，需要买一个支架装在镜头前面才可以把滤镜装上，其优点是可以根据构图的需要调整渐变的位置。

▲ 使用渐变镜拍摄，天空和地面的曝光适中，画面看起来十分自然（焦距：17mm 光圈：F9 快门速度：1/125s 感光度：ISO200）

▲ 圆形渐变镜安装的时候很方便，但是使用的时候要特别注意角度和使用的位置

▲ 方形渐变镜安装的时候有些繁琐，但是使用的时候可以随心所欲地调整渐变区域，使用非常方便

渐变镜的角度

圆 形渐变镜是旋扣在镜头前面的，会随着镜头的旋转一同旋转，因此其与镜头的相对位置不会发生改变。

而如果使用插入式渐变夹来安装方形滤镜，则可以通过旋转渐变夹来改变渐变镜与镜头的相对位置，从而改变渐变镜相对镜头的位置。使用插入式渐变夹的另一个优点是，可以插入多片渐变镜，形成复杂的阻光效果。

当拍摄场景的地平线是倾斜的时候，只能通过调整滤光镜夹的方向与之匹配，避免滤光镜的渐变区域与前景重叠。因此，渐变镜的角度是否能够调整，对于拍摄风光照片而言非常重要。

▲ 利用插入式渐变夹安装的方形滤镜

▼ 在拍摄这种天空有较亮的云彩时，为了确保近景与天空均有丰富的细节，一定要在拍摄时使用渐变镜，以平衡这两处的光线（焦距：16mm　光圈：F9　快门速度：1s　感光度：ISO100）

实拍应用：在阴天使用中灰渐变镜改善天空影调

中灰渐变镜几乎是在阴天时唯一能够有效改善天空影调的滤镜。在阴天条件下，虽然密布的乌云显得很有层次，但实际上天空的亮度仍然远远高于地面，如果按正常曝光方法拍摄，画面中的天空会由于过曝而显得没有层次感。此时，

如果使用中灰渐变镜，将深色的一端覆盖在天空端，则可以通过降低镜头的进光量来延长曝光时间，使云彩的层次得到较好的表现。

▼ 为了避免因长时间曝光而影响天空的层次，因此使用了中灰渐变镜，从而很好地表现出了雾化的海面及层次丰富的云层（焦距：14mm 光圈：F16 快门速度：20s 感光度：ISO100）

焦距：20mm，光圈：f9，快门速度：1/125s，感光度：ISO100

Chapter **15**

为Canon EOS 7D Mark Ⅱ
选择合适的闪光灯

全方位了解闪光摄影

利用闪光灯可以自由操控光线

摄影师无法控制太阳光、室内灯光、街灯等环境光，因此在这样的光线环境中拍摄时，摄影师只能够利用构图、曝光补偿等技法来改变画面的光影效果，但这种改变的效果是有限的。

虽然，许多摄影师在自然光条件下也能够拍摄出具有迷人光影效果的佳片，但很多时候，仍然需要使用闪光灯进行人工补光。

使用闪光灯不仅可以在弱光或逆光条件下将被摄体照亮，还可以通过改变闪光灯的照射位置及角度来控制光线，以更有创意地在画面中表现出漂亮的光影效果，从而拍摄出只使用环境光无法表现的画面效果。

通常对于摄影初学者而言，可以利用数码相机顶部的内置闪光灯进行补光。而如果希望获得更灵活的补光效果，则需要使用外置闪光灯。

▶ 侧逆光在模特身体一侧边缘留下了漂亮的轮廓光，然而面部却因光照较弱而显得较暗，使用闪光灯为面部补光后，人物的面部获得了正常曝光，画面中人物主体十分突出（焦距：85mm　光圈：F3.2　快门速度：1/200s　感光度：ISO200）

内置闪光灯和外置闪光灯的性能对比

	闪光量	闪光角度	闪光覆盖范围	闪光位置
内置闪光灯	小	固定	固定	需固定在相机上方
外置闪光灯	大	可以调整	可以调整	可以进行离机闪光

内置闪光灯并非一无是处

绝大多数数码单反相机都配有内置闪光灯，Canon EOS 7D Mark II 也不例外，虽然通过上面的表格对比可知，内置闪光灯的闪光量小，照射的角度也不能更改。但与外置闪光灯相比，内置闪光灯最大的优点是无需任何额外开支即可获得。而佳能原厂的外置闪光灯，即使是相对低端的 430EX II 闪光灯，其的价格也达到了近 1800 元；高端的 600EX-RT 闪光灯，其价格更是高达 3800 元左右。

因此，对于对补光效果没有过高要求的摄影爱好者而言，首先要用好内置闪光灯。

▲ 相机所搭载的内置闪光灯，闪光量小，不适合真正意义上的闪光摄影

外置闪光灯的4大优势

与内置闪光灯相比，外置闪光灯的最大闪光量不仅更大，而且还能够微调闪光量。在具体拍摄时，如果需要强调明暗对比效果，可以使用较大的闪光输出量；而如果希望补光效果与周围的环境光更协调，则可以适当减小闪光量。

外置闪光灯的闪光角度可以进行调整，即使是其被安装在相机的热靴上，也可以根据需要调整闪光照射的方向，如向天花板或墙壁等位置进行闪光，从而利用反射后扩散的光线轻松获得更好的补光效果。

闪光覆盖范围可调整是外置闪光灯的特点之一，在实际拍摄过程中，配合镜头的视角能够轻松调整外置闪光灯的照射角度。

例如，可以将闪光覆盖范围调窄，形成聚光灯那样的效果；也可以调宽闪光覆盖范围，让被摄体全部均匀受光。

外置闪光灯可以通过无线闪光功能或专用连接线，在远离相机机身的位置进行闪光。

由于能够远离相机进行无线引闪，因此使用外置闪光灯不仅可以为相机所在的位置补光，也可以在被摄对象的侧面、后方等任何一个方向进行补光。

▲ 在太阳即将下山时拍摄人像，适当减少外置闪光灯的闪光量，获得了人物曝光正常且与背景环境协调的画面效果

▲ 灯头垂直及水平旋转示意图

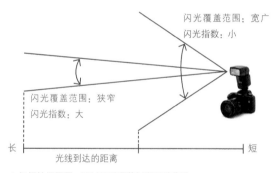

▲ 根据拍摄需要，可以灵活调整闪光覆盖范围

▶ 使用外置闪光灯拍摄照片时，可以根据摄影师的主观意愿，将其放置在任何位置，从而营造出更加灵活多变的光影效果

闪光灯的基本性能指标——闪光指数

想要使用闪光灯，首先就需要了解闪光灯，闪光灯有很多基本性能指标，但其最重要的指标是闪光指数和照明角度。

闪光灯的闪光指数用 GN 表示，表示闪光灯的最大输出光量。为了方便对比各个闪光灯的功效，通常在统一使用ISO100并获得准确曝光的前提下，对闪光灯进行测量。闪光指数 GN= 光圈大小（F）× 拍摄距离（m）。

例如，使用 GN 值为 58（ISO100）的闪光灯拍摄一幅人像作品时，如果将相机的感光度设为 ISO100，光圈设为 F11，那么闪光灯离人的距离就是 58/11，大概是 5.3m，在这个距离内拍摄出来的人像作品都能够获得准确曝光。

闪光灯的闪光指数越高，证明它的功率越大，使用起来就越方便。

闪光灯的基本性能指标——照明角度

闪光灯的照明角度也是一个基本性能标准。一些较简单的闪光灯在闪光的时候只有一个固定的角度，比如按照 28mm 焦距的角度闪光，如果我们拍摄时使用的焦距是 100mm，那么闪光灯发射出来的光就不能百分百地得到利用。

好一点的闪光灯都带有焦距调节功能，使用多大的焦距拍摄，那么闪光灯就按照这个焦距对应的角度进行闪光，从而使闪光灯的续航能力大大增强。

另外，闪光灯的最大照明角度也是很重要的性能指标，因为使用镜头的广角端拍摄时，如果闪光灯照射的角度不够大，照片中就会出现黑边。

一些中高端闪光灯，如佳能 430EX Ⅱ、580EX Ⅱ 等，均带有散光板，可以在使用广角焦距拍摄时将其拉出，以避免照片出现黑边。

▲ 外置闪光灯在广角端的照明角度不够大，画面中四角的阴影及暗角非常明显（焦距：75mm 光圈：F3.2 快门速度：1/250s 感光度：ISO200）

▲ 外置闪光灯在广角端的照明角度比较大，画面中四角的阴影及暗角并不明显（焦距：75mm 光圈：F3.2 快门速度：1/250s 感光度：ISO200）

内置闪光灯功能设置

设置内置闪光灯的闪光模式

Canon EOS 7D Mark Ⅱ 的内置闪光灯提供了 E-TTL Ⅱ、手动闪光、多次闪光三种闪光模式，下面分别对这三种模式进行讲解。

手动闪光模式

在手动闪光模式下，我们可以根据需要设置输出的闪光量。当闪光灯以最大光量输出闪光时通常表示为 1/1；当以最大光量的一半输出闪光时表示为 1/2。对于佳能原厂外置闪光灯而言，可以在最大闪光量（1/1）到最小闪光量（1/64 或 1/128）之间进行微调。

多次闪光模式

在多次闪光模式下，摄影师可以使用较慢的快门速度，在一张照片中捕捉移动主体的多个瞬间。

在使用多次闪光模式前，需要对"闪光输出"、"频率"及"闪光次数"选项进行设置，然后再进行拍摄。此模式适用于熟悉闪光灯操作的摄影师。

❶ 在**拍摄菜单 1** 中选择**闪光灯控制**选项

❷ 转动速控转盘◯选择**内置闪光灯功能设置**选项

❸ 转动速控转盘◯选择**闪光模式**选项，然后按下 SET 按钮

❹ 转动速控转盘◯选择一种内置闪光灯的闪光模式，然后按下 SET 按钮

▲ 使用手动闪光模式拍摄时，由于画面受光比较均匀，因此可获得非常完美的曝光（焦距：50mm　光圈：F2.8　快门速度：1/160s　感光度：ISO100）

E-TTL II 闪光模式

TL 模式是闪光摄影时使用最多的一种闪光模式，它是 Through The Lens 首字母的缩写，意思是通过镜头测光自动闪光。

以佳能闪光灯为例，采用 TTL 模式的优点是，在快门开启前闪光灯进行预闪，然后直接通过反光镜和棱镜把光线传递给测光系统，由于闪光灯的闪光和现场光使用的是同一个测光系统，因此测光结果会更准确。

E-TTL 是 Evaluative Through The Lens（通过镜头的评价测光）的缩写，也被称为预闪记忆式评价闪光测光。

在 E-TTL 模式下，拍摄前闪光灯会进行预闪光，这时相机的测光会计算包括太阳光、室内照明等环境光以及被摄体反射的闪光灯闪光在内的所有光线，根据这些测光数值，相机会计算出可使被摄体获得恰当亮度的闪光量并进行记忆。然后相机与闪光灯相互交换数据，快门速度、光圈、闪光灯的闪光量等参数将由在此过程中测量出来的数据决定，最后闪光灯进行正式闪光，相机完成拍摄，从而得到补光效果完美的画面。

佳能的 E-TTL 已经升级为 E-TTL Ⅱ，不仅可以通过镜头对闪光进行测光，还具有读取焦距信息及色温控制等功能，从而进行更精确的闪光并获得更准确的色彩还原。

▲ E-TTL 闪光模式是指闪光灯发出预闪光线后，反射回来的光线通过镜头传递给相机内的测光系统，然后通过相机和闪光灯之间的"对话"确定闪光灯输出光量的闪光方式

▼ 使用 E-TTL 闪光模式拍摄室内的人像，闪光灯对暗部进行了近乎完美的补光（焦距：28mm 光圈：F2.8 快门速度：1/100s 感光度：ISO400）

设置内置闪光灯的快门同步模式

使用内置闪光灯进行补光时,可以通过"快门同步"菜单控制闪光灯在什么时间进行闪光补光。

■ 前帘同步:选择此选项,闪光灯会在相机曝光开始后即进行闪光。如果曝光时间较长,而且被摄对象处于移动状态,则后续曝光形成的虚影会出现在实体影像的前面。

■ 后帘同步:选择此选项,闪光灯会在相机曝光即将结束时进行闪光。如果曝光时间较长,而且被摄对象处于移动状态,则在闪光之前进行曝光形成的虚影会出现在实体影像的后面。前帘同步与后帘同步都属于慢速闪光同步。

❶ 在**拍摄菜单**1 中选择**闪光灯控制**选项

❷ 转动速控转盘◯选择**内置闪光灯功能设置**选项

❸ 转动速控转盘◯选择**快门同步**选项

❹ 转动速控转盘◯选择**前帘同步**或**后帘同步**选项

高手点拨

　　如果拍摄的是相对静止的被摄对象,如建筑物、山、园林等,使用这两种快门同步模式拍摄出来的照片没有明显区别。

　　🅠 为什么在拍摄移动对象时,使用后帘同步或前帘同步能够在一个画面中同时得到拖影与实体影像?

　　🅐 在使用后帘同步模式拍摄时,当快门处于打开状态时,由于闪光灯并没有发光,因此被摄体处于曝光不足状态,但感光元件仍然能将曝光不足的影像记录下来,而同时被摄体又处于运动状态中,因此在画面中会形成一个拖影。当设定的曝光时间即将结束,也就是快门将被关闭前的一瞬间,闪光灯发射补光,此时,由于闪光灯的输出光量较大,使被摄体获得充分曝光,从而在画面中形成了一个清晰的影像。而之后快门被立刻关闭,所以在拖影的最后就是一个清晰的、由闪光灯照亮的被摄体,整个画面看上去就是一张带有动感、速度感效果的照片。

　　使用前帘同步模式拍摄时,闪光灯会在快门刚被打开时就进行闪光,因此会在画面中首先形成清晰的、由闪光灯照亮的被摄体影像,而由于拖影是随后才形成的,所以拖影会覆盖在实体影像的前面。

设置内置闪光灯的闪光曝光补偿值

如果使用内置闪光灯补光后，拍摄出来的照片显得太暗或太亮，可以通过设定闪光曝光补偿值来调节闪光灯的闪光输出量。

内置闪光灯的闪光曝光补偿可以在 ±3 级间，以 1/3 级为单位进行调节。

❶ 在**拍摄菜单** 1 中选择**闪光灯控制**选项

❷ 转动速控转盘◯选择**内置闪光灯功能设置**选项

❸ 转动速控转盘◯选择**曝光补偿**选项，然后按下 SET 按钮

❹ 转动速控转盘◯选择所需的闪光曝光补偿值，然后按下 SET 按钮确认

设置内置闪光灯的无线闪光功能

Canon EOS 7D Mark Ⅱ 的内置闪光灯可以作为主控单元经由光学传输与具有无线从属功能的佳能闪光灯配合使用，以无线触发的方式控制闪光灯的闪光。

■关闭：选择此选项，则关闭无线闪光功能。

■🔌:🔦 选择此选项，则使用一个外置闪光灯和内置闪光灯进行全自动无线闪光拍摄。摄影师可以改变外置闪光灯和内置闪光灯之间的闪光比，以控制被摄体上显现的阴影大小及明暗。

■🔌：选择此选项，则使用一个或多个外置闪光灯进行全自动拍摄。

❶ 在**拍摄菜单** 1 中选择**闪光灯控制**选项

❷ 转动速控转盘◯选择**内置闪光灯功能设置**选项

❸ 转动速控转盘◯选择**无线闪光功能**选项，然后按下 SET 按钮

❹ 转动速控转盘◯选择所需选项，然后按下 SET 按钮确认

■🔌+🔦：选择此选项，则使用内置闪光灯和多个外置闪光灯进行全自动拍摄。

外置闪光灯的结构及基本功能

内置闪光灯虽然便携，但功能不够强大，尤其是光线方向无法灵活调整，因此对于有闪光需求的用户而言，需要选择一支外置闪光灯，例如 580EX Ⅱ、430EX Ⅱ、270EX。下面将以 580EX Ⅱ 为例，讲解其基本结构及基本功能。

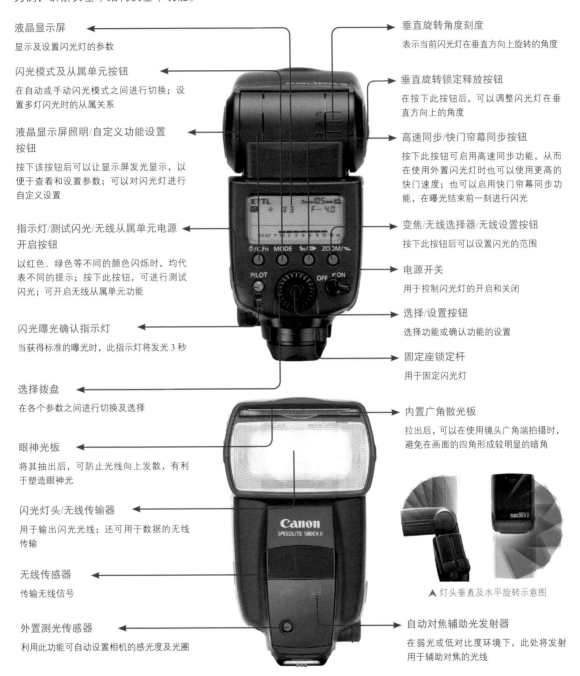

液晶显示屏
显示及设置闪光灯的参数

闪光模式及从属单元按钮
在自动或手动闪光模式之间进行切换；设置多灯闪光时的从属关系

液晶显示屏照明/自定义功能设置按钮
按下该按钮后可以让显示屏发光显示，以便于查看和设置参数；可以对闪光灯进行自定义设置

指示灯/测试闪光/无线从属单元电源开启按钮
以红色、绿色等不同的颜色闪烁时，均代表不同的提示；按下此按钮，可进行测试闪光；可开启无线从属单元功能

闪光曝光确认指示灯
当获得标准的曝光时，此指示灯将发光 3 秒

选择拨盘
在各个参数之间进行切换及选择

眼神光板
将其抽出后，可防止光线向上发散，有利于塑造眼神光

闪光灯头/无线传输器
用于输出闪光光线；还可用于数据的无线传输

无线传感器
传输无线信号

外置测光传感器
利用此功能可自动设置相机的感光度及光圈

垂直旋转角度刻度
表示当前闪光灯在垂直方向上旋转的角度

垂直旋转锁定释放按钮
在按下此按钮后，可以调整闪光灯在垂直方向上的角度

高速同步/快门帘幕同步按钮
按下此按钮可启用高速同步功能，从而在使用外置闪光灯时也可以使用更高的快门速度；也可以启用快门帘幕同步功能，在曝光结束前一刻进行闪光

变焦/无线选择器/无线设置按钮
按下此按钮后可以设置闪光的范围

电源开关
用于控制闪光灯的开启和关闭

选择/设置按钮
选择功能或确认功能的设置

固定座锁定杆
用于固定闪光灯

内置广角散光板
拉出后，可以在使用镜头广角端拍摄时，避免在画面的四角形成较明显的暗角

▲ 灯头垂直及水平旋转示意图

自动对焦辅助光发射器
在弱光或低对比度环境下，此处将发射用于辅助对焦的光线

设置外置闪光灯的工作模式

较为高端的外置闪光灯通常有5种工作模式，分别是 ETTL 模式、手动闪光模式 M、频闪闪光模式 MULTI、自动外部闪光测光模式 Exr A、手动外部闪光测光模式 Exr M，在实际拍摄时，可以根据需要通过右侧所展示的步骤，在这 5 种工作模式间相互切换。

不过后三种工作模式是高端外置闪光灯才具有的功能，而前两种闪光模式在前面已经介绍过，故此处不再赘述。

❶ 在**拍摄菜单** 1 中选择**闪光灯控制**选项

❷ 转动速控转盘◎选择**外置闪光灯功能设置**选项

❸ 转动速控转盘◎选择闪光模式图标，然后按下 SET 按钮

❹ 转动速控转盘◎选择 ETTL 或 M 选项，然后按下 SET 按钮确认

▲ 在大多数情况下，使用 ETTL 闪光模式就能够获得非常理想的补光效果（焦距：35mm　光圈：F2　快门速度：1/125s　感光度：ISO250）

设置外置闪光灯在光圈优先模式下的闪光同步速度

在光圈优先模式下，由于摄影师可自行设定光圈的大小，而快门速度则由相机自动确定，快门速度会随着光线的变化而变化。即当光线较强时，快门速度会自动上升到相机认为足以曝光正常的速度（但不会超过最高闪光同步速度）；同理，如果光线不足，相机则会让快门速度一直下降，直到能正常曝光为止。

所以，如果在室内或夜晚等弱光环境中拍摄，快门速度有可能降到 1/8 秒甚至 1/2 秒。这样做的优点是，即使在黑暗的环境中，也可以拍出背景明亮的照片；缺点是没有经验的摄影爱好者可能会因为持机不稳而造成照片模糊。因此，在使用时建议拍摄者时刻注意快门速度的变化，同时要使用三脚架保持相机的稳定，以便拍出更清晰的照片。

在"光圈优先模式下的闪光同步速度"菜单中可以选择如下 3 个选项。

■ 自动：选择此选项，则相机会在 1/250~30 秒的范围内根据场景亮度自动设置闪光同步速度。也可以使用高速同步。

■ 1/250-1/60秒自动：选择此选项，则相机的快门速度不会低于 1/60秒，可以防止因持机不稳而造成的画面模糊。

■ 1/250秒（固定）：选择此选项，则闪光同步速度将被固定为 1/250秒。但是在弱光环境下拍摄时，主体的背景会比设置"1/250-1/60秒自动"选项时稍暗。

❶ 在**拍摄菜单1**中选择**闪光灯控制**选项

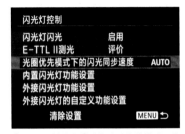

❷ 转动速控转盘〇选择**光圈优先模式下的闪光同步速度**选项

❸ 转动速控转盘〇选择需要的闪光同步速度选项，然后按下 SET 按钮确认

▲ 使用光圈优先模式拍摄时，把闪光同步速度设置为"1/250-1/60 秒自动"，这时相机的快门速度不会低于 1/60 秒，从而使拍摄出来的画面人像清晰、曝光准确（焦距：45mm 光圈：F5.6 快门速度：1/125s 感光度：ISO100）

高手点拨

在拍摄风光和舞台人像时，将"光圈优先模式下的闪光同步速度"选项设置为"自动"即可；而在拍摄婚礼等题材时，可以根据现场环境将其设置为"1/250-1/60秒自动"或"1/250 秒(固定)"。

设置外置闪光灯的快门同步模式

使用外置闪光灯为被摄对象补光时，根据拍摄需求可以将快门同步模式设置成为前帘同步 **▶▶**、后帘同步 **▶▶** 和高速同步 **⚡H**。前帘同步和后帘前步的功能在前面已经介绍过，这里不再赘述，下面简要介绍高速同步模式的功能和设置方法。

基本上，每一款数码单反相机均有一个能够与闪光灯配合使用的最高快门速度，Canon EOS 7D Mark Ⅱ 也不例外，其最高快门速度为 1/250s。如果在拍摄过程中，要使用的快门速度高于上面所提到的最高快门速度，就要选择使用高速同步功能，以确保被拍摄的场景曝光均匀、正常。

❶ 在**拍摄菜单** 1 中选择**闪光灯控制**选项

❷ 转动速控转盘◎**外置闪光灯功能设置**选项，然后按下 SET 按钮

❸ 转动速控转盘◎选择快门同步图标，然后按下 SET 按钮

❹ 转动速控转盘◎选择一个快门同步选项，然后按下 SET 按钮

▲ 使用前帘同步模式拍摄时，在运动人物的前方会出现重影，给观者好像人在后退的错觉（焦距：50mm　光圈：F2　快门速度：1/100s　感光度：ISO800）

▲ 使用后帘同步模式拍摄时，可以使背景模糊而人物清晰，由于运动生成的光线拖尾在实像的后面，因此画面看上去更真实、自然（焦距：50mm　光圈：F2　快门速度：1/80s　感光度：ISO400）

外置闪光灯使用高级技法

利用离机闪光灵活控制光位

当闪光灯在相机的热靴上无法自由移动的时候，摄影师就只有顺光一种光位可以选择，为了追求更多的光位效果，就需要把闪光灯从相机上取下来，即进行离机闪光。闪光灯离机闪光通常有两种方式——有线离机闪光和无线离机闪光。

有线离机闪光通常用于微距拍摄；而无线离机闪光则是拍摄人像、静物等题材时常用的一种闪光方式，也就是根据需要将一个或多个闪光灯摆放在合适的位置，然后使用无线引闪器控制闪光灯的闪光。

▶ 使用离机闪光，不仅能够使光位更灵活，还能够为画面增加趣味（焦距：50mm 光圈：F1.4 快门速度：1/320s 感光度：ISO250）

利用跳闪方式补光避免光线生硬

所谓跳闪，通常是指使用外置闪光灯补光时，通过反射的方式将光线投射到拍摄对象上的一种闪光补光方式。这种闪光方式最常用于室内或有一定遮挡的人像摄影中，可以避免光线太过生硬，以及形成没有立体感的平光效果。在室内拍摄人像时，常常就是通过调整闪光灯的照射角度，让其向着房间的顶棚进行闪光，然后将光线反射到被摄对象身上。

▲ 跳闪补光示意图

▲ 借助于外置闪光灯照向屋顶形成的反射光来打亮模特，得到光线比较柔和的画面，很适合表现女性柔美的气质（焦距：35mm　光圈：F9　快门速度：1/125s　感光度：ISO100）

妙用闪光灯拍摄逆光小景深人像

在逆光条件下拍摄人像时，由于画面中的人物和背景的亮度差较大，所以当背景曝光合适时，人物就会因为曝光不足而显得非常灰暗；而如果使人物曝光合适，背景又会出现过曝的情况。

为了使画面中的人物和背景都得到合适的曝光量，常常会使用闪光灯给人物补光，以使人物获得和背景类似的光照强度，缩小画面的明暗反差。

在拍摄人像时，摄影师为了获得较小的景深效果，一般会在使用闪光灯补光的同时将光圈设置得很大，这时为了满足画面正确曝光的要求，快门速度就会被相机自动设置为一个相对较高的数值。例如，如果逆光拍摄人像时使画面获得正确曝光的参数组合为F8、1/125s、ISO100，为了获得较小的景深效果，摄影师将光圈增加到F2，那么相机就会把快门速度变成1/2000s。

但是，一般闪光灯的最高闪光同步速度是1/250s，也就是说，使用闪光灯时，相机会自动将快门速度调整为1/250s的最高同步速度，而以F2、1/250s的曝光组合拍摄的话，肯定会使画面过曝。

有效的解决方法是在"外接闪光灯控制"菜单中将"快门同步"选项设置为"高速同步"，这样，就可以用1/4000s甚至更高的快门速度进行拍摄，而闪光灯将以频闪的方式不断重复闪光，以保证人物获得有效补光。

▲ 未开启"高速同步"功能拍摄时，由于逆光光线较强而无法使用较大光圈，因此前景、背景虚化程度不够，使画面显得杂乱（焦距：140mm 光圈：F7.1 快门速度：1/250s 感光度：ISO100）

▶ 开启闪光灯的"高速同步"功能后，画面中的人物曝光正确，皮肤细腻，同时背景也获得了很好的虚化效果（焦距：200mm 光圈：F2.8 快门速度：1/640s 感光度：ISO100）

利用慢速闪光同步拍摄背景明亮的夜景人像

夜景人像是摄影师常遇到的拍摄题材。在拍摄时，如果不使用闪光灯往往会因为快门速度过慢而使照片变模糊，使用闪光灯又会因为主体曝光时间太短而出现人物很亮而背景很暗的问题。

最好的解决办法是使用相机的慢速闪光同步功能。这个时候人物的曝光量仍然由闪光灯自行控制，在人物得到准确曝光的同时，由于相机的快门速度被设置得较慢，从而使画面中的背景也得到合适的曝光。

举例来说，正常拍摄时使用F5.6、1/200s、ISO 100的曝光组合配合闪光灯的TTL模式，拍摄出来照片中的人物曝光正常，而背景显得较黑。如果将快门速度变为1/2s，在其他参数都不变的情况下进行慢速闪光摄影，就可以得到人物和背景曝光都正常的夜景人像照片。这是因为人物的曝光量只受闪光灯影响，而闪光灯的曝光量和快门速度无关，所以人物可以得到正常的曝光，同时由于曝光时间控制为1/2s秒，在这段时间内画面的背景持续处于曝光状态，因此画面的背景也能够得到合适的曝光。

值得注意的是，采用这种模式拍摄时需要配合使用三脚架，否则很容易因为相机的抖动把照片拍模糊。

▶拍摄夜景时，使用闪光灯对人物补光时，使用了慢速闪光技术，在保证人物获得正常曝光的同时，背景也得到了合适的曝光（焦距：85mm 光圈：F2.8 快门速度：1/2s 感光度：ISO100）

▼拍摄夜景时，使用闪光灯对人物补光后，人物还原正常，但是背景显得比较黑（焦距：85mm 光圈：F2.8 快门速度：1/50s 感光度：ISO200）

用眼神光板为人物补充眼神光

眼神光板是中高端闪光灯才有的组件，例如佳能 430 EX Ⅱ、580EX Ⅱ就有此组件，平时可收纳在闪光灯的上方，在使用时将其抽出即可。

眼神光板的作用是借助闪光灯在垂直方向可旋转一定角度的特点，将闪光灯射出的少量光线反射至人眼中，从而形成漂亮的眼神光，让人物的眼睛更有神。

▲ 拉出眼神光板后的 580 EX Ⅱ闪光灯

▶ 使用眼神光板后，拍摄出来的人像眼睛看上去很有神（焦距：135mm 光圈：F2 快门速度：1/250s 感光度：ISO400）

使用柔光罩把闪光变得更柔和

柔光罩是专用于闪光灯上的一种半透明塑料罩，由于直接使用闪光灯拍摄会产生比较生硬的光照，而使用柔光罩可以让光线变得柔和，当然光照的强度也会随之变弱，可以使用这种方法为拍摄对象补充自然、柔和的光照。

外置闪光灯的柔光罩类型比较多，其中比较常见的就是肥皂盒、碗形柔光罩等，配合外置闪光灯强大的功能，可以更好地进行照亮或补光处理。

▲ 将闪光灯及柔光罩搭配使用，为人物进行补光时，可以获得非常柔和、自然的光照效果（焦距：135mm 光圈：F2.5 快门速度：1/125s 感光度：ISO200）

▲ 外置闪光灯的柔光罩

焦距：24mm 光圈：F9 快门速度：1/50s 感光度：ISO100

Chapter 16

Canon EOS 7D Mark II
高手实战准确用光攻略

不同时段自然光的特点

清晨

清晨时段的光线相对较弱、光比较小，在其照射之下景象较为灰暗但无浓重的阴影，多给人以朦胧、宁静、沉稳之感。这个时段的光线以青蓝色调为主，而景物受到阳光照射的部分有一定的品红色，因此拍摄出的照片颜色和谐、生动。

此时应以天空的亮度为曝光依据，使天空在照片中呈现为中等明暗的影调，地面的景物则被处理为剪影或半剪影（剪影部分仍有细部层次）效果。要拍出蓝调天空或剪影效果，可以采用清晨的光线拍摄。

> ➤ 在清晨时拍摄的照片，画面中呈现出淡淡的冷色调，这是由于色温较高的缘故，也使模特看起来很清新、自然（焦距：85mm　光圈：F3.5　快门速度：1/500s　感光度：ISO100）

上午

上午九点之前太阳的高度都很低，光线的照射不强烈，不会损失亮部或暗部的细节，很适合摄影创作。日出之后，影子的色彩都偏深蓝色，带点冷冷的感觉，但直接被太阳照射到的物体，有时候会出现黄色或金色光辉，可以利用这样的色彩对比表现很有创意的作品。上午柔和的光线适合拍摄人像、风景等题材。

▲ 上午的光线很好，光线照射到岩石及建筑上呈暖色，加之空气很通透，所以整个画面给人很清新的感觉（焦距：35mm　光圈：F5.6　快门速度：1/2000s　感光度：ISO320）

中午

中午主要是指太阳大约处于上午60°到下午120°之间的时段，这一时段的光线近似于垂直照射到地面上，多接近于顶光照射，且光线多为硬光。在其照射之下，景象在画面中会呈现出较为明朗的影调和较为饱和的色彩，但同时也会出现少量浓重的阴影。尤其是在拍摄人像时，会在模特的面部留下难看的阴影，因此在中午拍摄人像时，最好采用遮阳设备或在树荫下拍摄。但如果要表现的是树冠、圆形建筑等对象，则适合采用中午时段的光线进行拍摄。

▲ 中午的光线方向感很强，几乎直射海面，使海水显得更加通透，整个画面饱和度很高，影调明朗，有很强的欣赏性（焦距：16mm　光圈：F13　快门速度：1/50s　感光度：ISO125）

下午

下午的阳光让人感到柔和舒适，光线相对于中午变得更加柔和，适合各种景物的拍摄，拍摄出的作品也同样给人一种温暖的感觉。人像、风景等题材均适合采用下午的光线拍摄。

◀ 下午金黄色的光线为模特涂上了一圈好看的轮廓光，不仅增添了一丝浪漫的色彩，还使其与暗调的背景分离开，增加了画面的空间感（焦距：180mm　光圈：F4　快门速度：1/180s　感光度：ISO200）

黄昏

在黄昏时段光线的照射下，景物呈现为柔和的暖调色彩，由于此时大气中的尘埃、烟雾较多，常使远处景物的影调变淡，因此画面有较好的空气透视效果。夕阳、晚霞等题材是黄昏时段光线的典型应用，另外，在黄昏时分拍摄建筑时，可将其呈现为剪影或稍微有一点细节的半剪影效果。

黄昏时分拍摄风光照片，此时的阳光色温较低，所以受光面呈现为暖色调，而背光面却呈现出蓝紫色的冷调，冷暖对比使得画面视觉冲击力与感染力更强（焦距：26mm 光圈：F10 快门速度：2s 感光度：ISO200）

夜晚

在夜晚拍摄时，由于景物受到各种颜色照明灯光的影响，拍摄出的照片往往显得更加丰富、艳丽，如果所拍摄景物的背景为天空，应该通过测光或构图表现出天空的层次，即使天空没有云彩，也应该把建筑物衬托在微弱发亮的天空上，而不是将天空拍成一片黑色。

城市夜景、车灯轨迹、星轨、月亮、烟火等题材都是夜晚拍摄的上好题材。

▲ 在深蓝色天空的衬托下，大桥以及岸边星星点点的灯光更显绚丽，将夜晚点缀得更加繁华（焦距：28mm 光圈：F16 快门速度：10s 感光度：ISO100）

营造迷人光影效果

摄影就是光影的艺术，只有摄影高手才能够营造出迷人的光影效果，使画面富有摄影的光影之趣。

画面的阴影

光是明亮的，影是黑暗的。对于摄影师而言，光与影同等重要，有光无影的画面显得轻浮，有影无光的画面显得淤积、闭塞。在摄影中如果能够艺术地运用光与影，就能使画面有更强的表现力。"影"在画面中可能以阴影、剪影、投影三种形态存在。

▲ 在阳光的照射下，几只悠闲吃草的羚羊以剪影的形式展现出来，虽然地面与羚羊占据了画面较小的面积，但却起到了稳定画面的作用，大面积昏黄的光线使照片更加明朗、通透，故而光与影缺一不可（焦距：300mm 光圈：F9 快门速度：1/1250s 感光度：ISO100）

用阴影平衡画面

通过构图使画面中出现大小不等、位置不同的阴影，可以使画面的明亮区域与阴暗区域看起来更加平衡，从而使画面中的视觉焦点显得更加突出。

▲ 树木长长的投影在画面中形成了有秩序的线条，不仅丰富了画面，同时还使画面的前后景看起来更均衡（焦距：24mm 光圈：F8 快门速度：1/320s 感光度：ISO100）

用阴影为画面做减法

画面中杂乱的元素往往会分散观者的注意力，通过控制画面中的光影和明暗，可以达到去除多余视觉元素的目的。在拍摄时，首先要了解拍摄场景中，在当前光线与照射角度下，在什么位置会出现怎样的阴影，并考虑好哪些画面构成元素可以隐藏在阴影中，然后使用点测光对准画面中明亮的部分测光，从而夸大画面中的阴影效果，达到突出主题、掩盖多余元素的目的。

▲ 摄影师对着天空测光，夸大阴影效果，使得人的剪影与倒影构成了一幅简洁而抽象的画面（焦距：22mm 光圈：F9 快门速度：1/4s 感光度：ISO100）

用阴影增强画面的透视感

阴影有增强画面透视感的作用，当阴影从画面的深处延伸至画面前景时，这种近大远小的透视规律会使画面的空间感和透视感更强。

▶ 把人物的影子纳入画面，画面的透视感变得更为强烈（焦距：24mm 光圈：F11 快门速度：1/1000s 感光度：ISO200）

用投影为画面增加形式美感

在采用侧光拍摄成排的树木、栏杆时，光和影就会在画面中交错出现，使画面显得更有形式美感。例如，一排整齐的栏杆投下的阴影，由于画面中明暗之间有规律地交替变化，从而给人以视觉上递进的愉悦感。

▲ 使用小光圈拍摄，树木的倒影呈条状映在地上，大大地增强了画面的形式美感（焦距：50mm 光圈：F11 快门速度：1/2s 感光度：ISO50）

用剪影为画面增加艺术魅力

在影子的三种形态中，剪影无疑是最有形式美感的，因为剪影是由实体轮廓形成的，因此更容易使观众产生联想，剪影画面也显得更有意境与想象空间。

拍摄剪影并不难，难的是能否发现漂亮的剪影，一个比较实用的技巧是，在逆光下眯起眼睛观察主体，通过减少进入眼睛的光线，将被摄对象模拟为剪影效果，从而更快、更好地发现剪影。

拍摄剪影时要注意的是，如果拍摄的是多个主体，不要让剪影之间产生太大的重叠，以避免由于重叠产生新的剪影轮廓形象，导致观者无法分辨清楚，从而使剪影失去可辩性。当然，如果能使两个或两个以上的剪影在画面中合并成为一个新的形象，那将是非常有趣的画面效果。

▲ 合理选择拍摄角度，使人物的剪影不重叠在一起，画面看起来会更加简洁、有力（焦距：200mm 光圈：F10 快门速度：1/8000s 感光度：ISO400）

Chapter 17

Canon EOS 7D Mark II
高手实战完美构图攻略

焦距：90mm 光圈：F4.5 快门速度：1/800s 感光度：ISO100

利用画面视觉流程引导视线

什么是视觉流程

在摄影作品中，摄影师可以通过构图技术，引导观者的视线在欣赏作品时跟随画面中的景象由近及远、由大到小、有主及次地欣赏，这种顺序是基于摄影师对照片中景物的理解，并以此为基础将画面中的景物安排为主次、远近、大小、虚实等的变化，从而引导欣赏者第一眼看哪儿，第二眼看哪儿，哪里多看一会，哪里少看一会，这实际上也就是摄影师对摄影作品视觉流程的规划。

一个完整的视觉流程规划，应从选取最佳视域、捕捉欣赏者的视线开始，然后是视觉流向的诱导、行程顺序的规划、安排，最后到欣赏者视线停留的位置为止。

▲ 画面中前景处的脚印勾起了观者的好奇心，随着脚印由近及远地望向远处的大树，因此脚印在画面中起到了引导观者视线的作用（焦距：29mm 光圈：F9 快门速度：1/4s 感光度：ISO200）

利用光线规划视觉流程

高光

创作摄影作品时，可以充分利用画面的高光，将观者的视线牢牢地吸引住。金属器件、玻璃器皿、水面等都能够在合适的光线下产生高光。

如果扩展这种技法，可以考虑采用区域光（也称局部光）来达到相同的目的。例如，在拍摄舞台照片时，可以捕捉追光灯打在主角身上，而周围比较暗的那一刻。在欣赏优秀风光摄影作品时，也常见几缕透过浓厚云层的光线照射在大地上，从而获得具有局部高光的佳片，这些都足以证明这种拍摄技法的有效性。

▲ 远处天空中夕阳的亮光是画面的视觉中心，灿烂的光芒很容易将观者的注意力吸引到此处（焦距：24mm　光圈：F10　快门速度：1/800s　感光度：ISO100）

光束

由于空气中有很多微尘，所以光在这样的空气中穿过时会形成光束。例如，透过玻璃从窗口射入室内的光线、透过云层四射的光线、透过树叶洒落在林间的光线、透过半透明顶棚射入厂房内的光线、透过水面射入水中的光线等都有明确的指向，利用这样的光线形成的光束能够很好地引导观者的视线。

如果在此基础上进行扩展，使用慢速快门拍摄的车灯形成的光轨、燃烧的篝火中飞溅的火星形成的轨迹、星星形成的星轨等都可以归入此类，在摄影创作时都可以加以利用。

▲ 光束透过树林照射过来，形成奇幻的光束效果（焦距：17mm　光圈：F9　快门速度：1/200s　感光度：ISO100）

利用线条规划视觉流程

线条是规划视觉流程时运用最多的技术手段，按照虚实可以把线条分为实线与虚线。此外，根据线条是否闭合，可将其分为开放线条与封闭线条。

视线

当照片中出现人或动物时，观者的视线会不由自主地顺着人或动物的眼睛或脸的朝向观看，实际上这就是利用视线来引导欣赏者的视觉流程。

在拍摄这类作品时，最好在主体的视线前方留白，不但可以使主体得到凸显和表达，还可以为观者留下想象空间，使作品更耐人寻味。

▶ 观者的视线会随着模特眼神望向其手中的书籍，因此在画面中模特的视线具有视觉引导的作用（焦距：200mm 光圈：F4 快门速度：1/800s 感光度：ISO100）

景物线条

任何景物都有线条存在，例如，无论是弯曲的道路、溪流，还是笔直的建筑、树枝、电线，都会在画面中形成有指向的线条。这种线条不仅可以给画面带来形式美感，还可以引导观者的视线。这种在画面中利用实体线条来引导观者视线的方式是最常用的一种视觉引导技法。

▲ 利用车灯的轨迹将观者的视线引向远处的城市，这样的构图也增强了画面的整体感（焦距：24mm 光圈：F8 快门速度：10s 感光度：ISO200）

必须掌握的14种构图法则

高水平线构图

高水平线构图是指画面中主要水平线的位置在画面靠上 1/4 或 1/5 的位置，重点表现水平线以下部分，例如大面积的水面、地面等。

▲ 利用高水平线构图表现大面积湖面，着重展现出宽广、平静的湖水，小面积的天空与云朵倒影在水面上，使画面看上去更加生动、有趣

中水平线构图

中水平线构图是指画面中的水平线居中，以上下对等的形式平分画面，采用这种构图形式的目的通常是为了拍摄到上下对称的画面。

▲ 利用中水平线构图同时表现天空与水面

低水平线构图

低水平线构图是指画面中主要水平线的位置在画面靠下 1/4 或 1/5 的位置，采用这种水平线构图的目的是为了重点表现水平线以上部分，例如大面积的天空。

▲ 将水平线放置在画面下方 1/3 处，使画面的表现重点集中在天空上

垂直线构图

垂直线构图也称为竖向构图，画面主要由呈垂直的竖向线条构成，给人以坚定、挺拔、向上的视觉感受，常被用于表现高大的楼体、细长的树木或向上伸直的柱子等。另外，当多条竖向线平行存在于画面中时，在视觉上较易产生上下延伸感与形式感。

▲ 利用垂直线构图表现茂密的树林

三分法构图

三分法构图实际上是黄金分割构图形式的简化版，是指以横竖三等分的比例分割画面后，当被摄对象以线条的形式出现时，可将其置于画面的任意一条三分线位置。这种构图形式能够在视觉上带给人愉悦和生动的感受，避免人物居中而产生的呆板感。

Canon EOS 7D Mark Ⅱ 相机在实时取景状态下提供了可用于进行三分法构图的网格线显示功能，我们可以将它与黄金分割曲线完美地结合在一起使用。

▲ 采用三分法构图拍摄画面，构图时将模特放置在画面的右侧三分线上，这样的构图更加符合人的审美习惯（焦距：50mm 光圈：F5.6　快门速度：1/320s　感光度：ISO200）

曲线构图

曲线构图是指画面主体呈曲线形状，从而使画面获得视觉美感和稳定感的一种构图形式。

在风景照片中，曲线构图可以使画面充满动感和趣味性；在人像摄影中，曲线构图多用来表现女性柔美的身材线条。

▲ 画面采用曲线构图来表现蜿蜒流淌的河流，其优美的线条增加了画面的动感和艺术美感（焦距：50mm　光圈：F8　快门速度：1/60s　感光度：ISO200）

斜线构图

斜线构图能使画面产生动感，并沿着斜线两端产生视觉延伸，从而增强画面的纵深感。另外，斜线构图打破了与画面边框相平行的均衡形式，与其产生势差，从而使斜线部分在画面中被突出和强调。

在拍摄时，摄影师可以根据实际情况，刻意将在视觉上需要被延伸或者被强调的拍摄对象处理成为画面中的斜线元素加以呈现。

▶ 利用鸟儿的头部动作形成对角线构图，表现出其朝上的运动趋势，为画面增添了动感（焦距：300mm 光圈：F4.5 快门速度：1/400s 感光度：ISO100）

折线构图

顾名思义，折线构图是指画面中的主体呈折线形状的构图形式，常见的折线构图形式有 L 形构图、Z 形构图等。

采用 L 形构图时，画面中的构图元素不要太多，最好在画面中留出一定的空间，以便突出主体、说明主题。Z 形构图也是一种可以使画面呈现动感的构图方式，并且 Z 形构图也具有一定的方向性，可以起到引导视线走向的作用。

▲ 选择合适的拍摄角度，使冬天的长城在画面中形成折线构图，画面具有较强的流动感（焦距：32mm 光圈：F13 快门速度：1/800s 感光度：ISO100）

三角形构图

三角形形态能够带给人向上的突破感与稳定感,将其应用到构图中,会给画面带来稳定、安全、简洁、大气之感。在实际拍摄中会遇到多种三角形构图形式,例如正三角形构图、倒三角形构图等。

正三角形构图相对于倒三角形构图来讲更加稳定,能够带给人一种向上的力度感,在着重表现高大的三角形对象时,更能体现出其磅礴的气势,是拍摄山峰常用的构图形式。

▶采用三角形构图来表现山峰,三角形的稳定性将山峰沉稳、雄壮的气势展现出来(焦距:135mm 光圈:F9 快门速度:1/100s 感光度:ISO320)

倒三角形在构图中的应用相对较为新颖,与正三角形构图相比,其稳定感不足,但更能体现出一种不稳定的张力,一种视觉以及心理的压迫感。

▲ 摄影师使用倒三角形构图拍摄树木,树木呈现出了一种向上突破的生长感(焦距:24mm 光圈:F5 快门速度:1/60s 感光度:ISO200)

框式构图

框式构图是指借助于被摄物自身或周围的环境，在画面中制造出框形的构图方法，这种方法可以集中观者的视线，突出画面中的主体。在拍摄山脉、建筑、人像时常用这种构图形式。

▲ 利用前景开满花朵的树枝形成了一个不规则的框，有效锁住了观者的视线，使远景的主体建筑得以突出表现（焦距：35mm　光圈：F13　快门速度：1/800s　感光度：ISO100）

对称式构图

对称式构图是指画面中的两部分景物，以某一根线为轴，在大小、形状、距离和排列等方面相互平衡、对等的一种构图形式。现实生活中的许多物体或景物都具有对称的结构，如人体、宫殿、寺庙、鸟类、蝴蝶的翅膀等。

▲ 水面的倒影与建筑实体在画面中呈现为对称式构图形式，画面看起来十分稳定、安宁（焦距：21mm　光圈：F18　快门速度：25s　感光度：ISO200）

散点式构图

散点式构图是指将呈点状的被摄体集中在画面中的构图方式,其特点是形散而神不散。散点式构图常用于以俯视角度拍摄遍地的花卉,还可以用于拍摄草原上呈散点分布的蒙古包、牛、羊等。

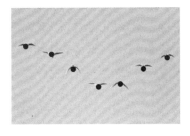

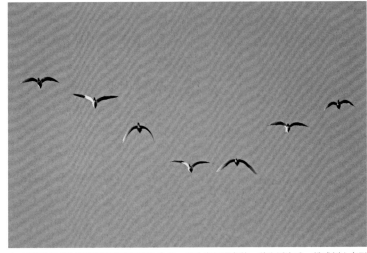

▲ 采用散点式构图拍摄天空中飞翔的鸟儿,以此来展现鸟的一种生活方式。排成倒人字形的鸟群使画面充满韵律与灵动感(焦距:450mm 光圈:F5.6 快门速度:1/2000s 感光度:ISO1000)

透视牵引构图

透视牵引构图是指利用画面中景物的线条形成透视感觉的构图方法,画面中的线条不仅对视线具有引导作用,还可以增强画面的空间感。在拍摄道路、河流、桥梁时,常采用这种构图形式。

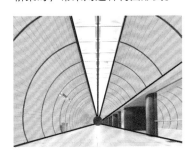

▲ 利用建筑侧面的线条形成水平纵深透视,很好地塑造出了画面的立体感和空间感(焦距:12mm 光圈:F5.6 快门速度:1/6s 感光度:ISO100)

辐射式构图

辐射式构图即指通过构图使画面具有类似于自行车车轮辐条辐射效果的构图手法。辐射式构图通常有两种类型，一是向心式构图，即主体在中心位置，四周的景物或元素向中心汇聚；二是离心式构图，即四周的景物或元素背离中心扩散开来，使画面呈现舒展、分裂、扩散的效果。

▲ 仰视拍摄建筑顶部，利用建筑顶部独特的构造可以很容易形成放射式构图，并且使画面呈现出很强的形式美感（焦距：35mm 光圈：F5.6 快门速度：1/80s 感光度：ISO200）

利用线条透视营造画面的纵深感

只有使画面有较强的纵深感，才能让平面的照片展现出三维空间效果。而要为画面营造纵深感，一定要重点考虑线条在画面中的作用。

利用线条在画面中的渐进式变化可以突出表现画面的透视感，这种透视被称为线条透视。如果画面有较强的线条透视感，那么画面的深远空间感也自然就表现出来了。在画面中具有透视效果的线条收缩得越急，则空间纵深感就越强。

➤ 使用广角镜头拍花田，花丛形成的斜线产生延伸效果，从而增强了画面的纵深感与空间感（焦距：18mm 光圈：F8 快门速度：1/125s 感光度：ISO640）

拍摄方向

拍摄方向对画面的线性透视和所表现的空间深度也有影响。采用正面或侧面角度拍摄时，画面中的线条多处于平行状态，无法表现线条透视的方向和力量；如果采用斜侧面方向拍摄，平行线条就变为了斜线条，有利于展示线条透视的方向和力量。

因此，在处理画面时，如果把聚集收拢点选择在画面的中央，其透视效果就不如将聚集收拢点放在偏离中央的位置，后者的空间纵深感会更强；而将聚集收拢点安排在画面之外，透视效果会更好。

▶ 采用竖画幅拍摄，由于采用了一点透视的原理，使延伸至画面中间位置的桥梁消失在海平线上，画面的空间显得格外深远（焦距：16mm 光圈：F18 快门速度：1/10s 感光度：ISO100）

镜头焦距

镜头焦距也会影响画面的线性透视效果。

使用标准镜头拍摄的画面，其空间透视效果与人眼所见的情形最为接近；长焦镜头可以压缩纵向空间，画面中的远近景物无法形成大小对比，不适合表现线性透视效果；短焦距的广角镜头能使远近景物形成明显的大小对比，透视效果好，有强烈的距离感和纵深感。

因而在实际拍摄中，采用广角镜头或镜头的广角端、近距离拍摄都可以强化画面中的线性透视感。

▶ 利用镜头的广角端拍摄树林，获得了线性透视感十分强烈的画面效果（焦距：24mm 光圈：F22 快门速度：20s 感光度：ISO640）

利用空气透视营造画面的纵深感

与线性透视一样，空气透视也能够使画面呈现出纵深感。它是与大气及空气介质有关的透视现象，是利用物体在大气中的变化创造出的一种富有空间深度感的幻象。

空气透视规律如下。

■ 距离摄影师的远近不同，景物的影调也不同。近处的景物影调较暗，远处的景物影调则较淡。

■ 距离摄影师的远近不同，景物的色彩也不同。近处的景物色彩饱和度较高，远处的景物色彩饱和度较低，而且趋于冷色。

■ 距离摄影师的远近不同，景物的明暗反差也不同。近处的景物明暗反差较大，远处的景物明暗反差较小。

■ 距离摄影师的远近不同，景物的清晰度也不同。近处的景物清晰度较高，远处的景物清晰度较低。

雨、雪、雾、烟等空气中的介质往往能增强画面的空气透视感，但是也不宜过多，否则会削弱画面的空间感。

▲ 利用近景处和远景处云雾的亮度差异来增强画面的空间感（焦距：31mm　光圈：F10　快门速度：1/400s　感光度：ISO200）

光线方向也会影响空气透视效果。逆光和侧逆光是获得空气透视效果的基本条件，采用这两种光线拍摄的画面能够呈现出景物鲜明的轮廓，并使画面在介质的作用下形成明显的过渡层次。

另外，逆光、侧逆光还可以照亮空气中的介质，进一步增强空气透视效果。在每天的早晚时间拍摄，一般都能够获得最佳的空气透视效果。

▲ 画面中逆光照亮了雾气，从而加强了空气的透视效果，使画面获得了不错的层次感（焦距：45mm　光圈：F8　快门速度：1/125s　感光度：ISO100）

利用前景增强画面的透视感

前景是强调线性透视、空气透视效果的重要因素。一般情况下，前景中的景物不宜过亮，较暗的前景能与后景中的景物形成明暗、大小对比，有利于丰富影调层次和展示出三维空间效果。

▲ 利用前景中正在用鱼鹰捕鱼的渔船与远景中朦胧的雾气形成虚实、明暗对比，既丰富了画面层次，又表现出了画面的空间感（焦距：20mm　光圈：F9　快门速度：1/100s　感光度：ISO100）

Chapter 18

Canon EOS 7D Mark Ⅱ
风光摄影高手实战攻略

焦距: 17mm 光圈: F14 快门速度: 1/15s 感光度: ISO100

必须掌握的风光摄影理念

只用一种色彩拍摄有情调的风光照片

只有一种色彩的画面是指仅仅利用某一颜色的不同明暗来表现现实的世界，这类照片常用于表现特别的情调，黑白照片是最经典的单色照片。虽然彩色照片是摄影创作的主流，但没有人怀疑黑白照片的魅力。

在实际拍摄中，也可以利用当时天气的特点营造这种效果。例如，日落时分采用强烈的逆光拍摄时，能够获得不错的单色风光照片，这种光线能降低色彩饱和度，营造出一种几近单色调的画面效果。

▲ 太阳的光芒将天空和水面都染成了橙黄色，整个画面呈现为热情高涨的暖色调，看起来十分壮观（焦距：36mm　光圈：F18　快门速度：1/1000s　感光度：ISO100）

▼ 蓝色的天空、水面，甚至山体都是蓝色的，大面积的蓝色调使画面具有一种非常神秘的气息（焦距：24mm　光圈：F8　快门速度：1/200s　感光度：ISO100）

使风光照片有最大景深

幅漂亮的风光摄影作品通常要求画面整体都要很清晰，即从前景到背景的景物都应十分清晰。要做到这一点，在选择镜头时，应首选广角镜头，因为广角镜头比长焦镜头能获得更大的景深，而使用小光圈则比使用大光圈拍摄出来的画面景深更大。

除此之外，准确对焦也十分重要。对于一幅风光照片而言，通常焦点后的景深要比焦点前的景深大，因此，若想使景深最大化，一个简单的方法就是把焦点设置在画面的三分之一处。

更准确的方法是使用超焦距技术，即利用镜身上的超焦距刻度或厂家提供的超焦距测算表，通过旋转变焦环，将焦点设置在某一个位置，这样画面的清晰范围就会达到最大。例如，针对一支35mm的定焦镜头而言，当使用F16的光圈拍摄时，其超焦距为2.8米，此时其景深范围是从1.4米至无穷远，意味着只要在拍摄时将合焦位置安排在距离相机2.8米的位置，就能够获得使用此光圈拍摄时的最大景深，即1.4米至无穷远。

定焦镜头在确定超焦距时比较容易，利用镜头的景深标尺，将镜筒上标示的正确光圈值与无限远符号连线即可。由于变焦镜头上没有景深标尺，所以就需要使用镜头厂家提供的超焦距图表来对对焦距离进行合理的估计。

需要注意的是，通常在使用超焦距对焦时，如果对焦在画面的三分之一处，会发现取景器中的影像会变得不够清楚，这实际上仅仅是观看效果，因为取景器中的照片总是以最大光圈来显示场景的，因此，在拍摄前应该用景深预览按钮进行查看，以确定对焦位置是否正确，场景的清晰度是否达到了预定要求。

▼ 使用小光圈配合广角镜头拍摄，将焦点放在画面的前三分之一处，近处和远处的景物都得到了清晰呈现，画面看起来非常开阔（焦距：16mm 光圈：F16 快门速度：1/200s 感光度：ISO400）

赋予风景画面层次感

在拍摄风光照片时，丰富的层次能够很好地表现画面的纵深感。在表现画面层次时，可利用景物重叠的形状或采用强烈的侧光拍摄时得到的不同光影带，形成有渐变的"光层"效果来营造画面的层次。在拍摄时，借助于长焦镜头很容易得到这样的画面效果，因为长焦镜头具有压缩画面空间的作用，在侧逆光的照射下，层层叠叠的景物之间会形成明暗交界的效果，从而使画面呈现出较强的立体感。

但要注意的是，由于长焦镜头拍出的画面景深很小，因此，当拍摄对象处在前景或靠近画面的中间位置时，应尽量使用较小的光圈（比如 F16），避免背景被虚化而使画面缺少层次感。

▲ 使用长焦镜头拍摄的雪山，画面的叠加效果明显，层次丰富，也拉近了观者和雪山之间的距离（焦距：200mm　光圈：F13　快门速度：1/100s　感光度：ISO400）

找到天然画框突出主体

为汇聚观者的视线，让其更关注重点表现的主体景物，一个比较常用的构图"诀窍"是使用拱门、门道、窗户或悬垂的树枝等来框住远处要表现的主体景物。

为避免"画框"喧宾夺主，应小心控制画面不同部分的清晰程度，高度失焦的树叶能使观者的注意力集中在主要景物上，而略带柔焦的树叶可能会分散观者的注意力。

▲ 利用树木作为前景，形成了框式构图，既丰富了画面的元素，展现了拍摄环境与季节，又突出了画面的主体——山峰（焦距：31mm　光圈：F13　快门速度：1/60s　感光度：ISO100）

关注光圈衍射效应对画质的影响

由于拍摄时使用的光圈越小，画面的景深就越大，因此，在表现大景深的画面时一般建议使用非常小的光圈，比如 F16 和 F22。但要注意的是，光圈收得过小会影响画面的清晰度，这是因为光圈衍射的缘故。

衍射是指当光线穿过镜头光圈时，镜头孔边缘会分散光波。光圈收得越小，在被记录的光线中衍射光所占的比例就越大，画面的细节损失就越多，画面就越不清楚。

衍射效应对 APS-C 画幅数码相机和全画幅数码相机的影响程度稍有不同。通常 ASP-C 画幅数码相机在光圈收小到 F11 时，就会发现衍射对画质产生了影响；而全画幅数码相机在光圈收小到 F16 时，才能够看到衍射对画质的影响。

▲ 在夜晚利用长时间曝光得到的星轨画面，选择地面上的树木作为画面的画框，既增添了画面的美感，又丰富了画面构成元素（焦距：18mm 光圈：F3.5 快门速度：1/1685s 感光度：ISO200）

利用前景使风光照片有纵深感

现实世界是三维的，而照片是二维的，许多风光照片拍摄失败的主要原因是，在照片中无法传达出观众所希望看到的纵深感、立体感。

要解决这个问题，需要在画面中纳入更多的前景，并使用广角镜头进行拍摄，以便对靠近镜头的部分进行夸张性的展现，从而通过强烈的透视效果来突出前景，为眼睛创造一个"进入点"，将观者"拉入"场景中，通过前景与主体的大小对比形成明显的透视效果，使照片的纵深感更强。

为了避免中距离的景色看上去空洞和缺乏趣味，应尽量采用低视点拍摄，以压缩画面中前后景物的距离，使画面中不会出现太多的空白空间。在拍摄时应选择小光圈，以获得最大的景深，使前景和远处的景物都能清晰成像。

▶ 海岸的岩石向大海的深处伸去，这样的构图将大海无边无际的气势表现得尤为突出（焦距：17mm 光圈：F20 快门速度：1/20s 感光度：ISO50）

▼ 前景中的花海色彩绚丽，为照片增加美感的同时，也加强了画面的纵深感（焦距：24mm 光圈：F13 快门速度：1/200s 感光度：ISO100）

风光摄影中人与动体的安排

在 风光摄影中，人和动体往往能对画面起到陪衬等多方面的作用，因而花上很长时间等待人物、小船、马车、家禽等适合拍摄的动体出现是非常值得的。不过，动体却并不一定专指那些实际在运动的物体，雨伞、锄头、钓竿等生活用具和劳动工具，也可在风光摄影中大显身手。

人物和动体既能活跃画面，还能突出表现风光的环境特征，有助于主题的表达。例如，一池碧水中游弋的三两只鸭子能带来"春江水暖鸭先知"的意境，可以更好地烘托春天这个主题。

▲ 在拍摄山峦时将人物纳入画面，利用游人的渺小来衬托自然的壮阔，可以使观者对画面中风景的体量有更深的认识（焦距：55mm 光圈：F11 快门速度：1/160s 感光度：ISO200）

风光摄影中的人和动体一般是作为陪体出现的，因此在画面中所占比例不宜过大，以免喧宾夺主。但是，在直接以动体为主题的风光作品中，人或动体则可表现得稍大一些，或置于显要位置，大小以不影响风景的表现为宜。

在风光摄影中，人和动体往往还在画面中起到对比的作用。如拍摄某些景物时，加入几个人作为陪衬，画面便有了比例，可以衬托出景物的高大和开阔。另外，在彩色摄影中，也可利用人或动体与画面主体形成的色调对比，使画面色彩富有变化。

但并不是任何风光摄影作品都需要人或动体来陪衬的，拍摄时应根据拍摄主题和现场情况而定。此外，根据拍摄者的构思而安排的人或动体都必须有助于体现拍摄主题。

▲ 泛着小舟的人打破了夕阳的宁静，也为画面增添了生机（焦距：100mm 光圈：F6.3 快门速度：1/1000s 感光度：ISO100）

山峦摄影实战攻略

通过不同的角度来表现山峦

拍摄山峦最重要的是要把雄伟壮阔的整体气势表现出来。"远取其势，近取其貌"的说法非常适合拍摄山峦。要突出山峦的气势，就要尝试从不同的角度去拍摄，如诗中所说"横看成岭侧成峰，远近高低各不同"，所以必须寻找一个最佳的拍摄角度。

采用最多的拍摄角度无疑还是仰视，以表现山峦的高大、耸立。当然，如果身处山峦之巅或较高的位置，则可以采取俯视的角度表现一览众山小之势。

另外，平视也是采用较多的拍摄角度，采用这种视角拍摄的山峦比较容易形成三角形构图，从而表现其连绵起伏的气势和稳重感。

▲ 选择平视角度拍摄，很好地表现了山峦连绵壮阔的气势（焦距：35mm 光圈：F9 快门速度：1/400s 感光度：ISO400）

▼ 层层云雾不但增加了画面的层次，也丰富了画面构成，将山峦渲染得很有气势（焦距：200mm 光圈：F16 快门速度：1/200s 感光度：ISO800）

用云雾衬托出山脉的灵秀之美

山与云雾总是相伴相生，各大名山的著名景观中多有"云海"，例如黄山、泰山、庐山，都能够拍摄到很漂亮的云海照片。云雾笼罩山体时，其形体就会变得模糊不清，在隐隐约约之间，山体的部分细节被遮挡，在朦胧之中产生了一种不确定感，拍摄这样的山脉，会使画面呈现出一种神秘、缥缈的意境。此外，由于云雾的存在，使被遮挡的山峰与未被遮挡部分形成了虚实对比，从而使画面更具欣赏性。

■ 如果只是拍摄飘过山顶或半山的云彩，只需要选择合适的天气即可，高空的流云在风的作用下，会与山产生时聚时散的效果，拍摄时多采用仰视的角度。

■ 如果以蓝天为背景，可以使用偏振镜，将蓝天拍得更蓝一些。

■ 如果拍摄的是乌云压顶的效果，则应该注意做负向曝光补偿，以对乌云进行准确曝光。

■ 如果拍摄的是山间云海的效果，应该注意选择较高的拍摄位置，以至少平视的角度进行拍摄，在选择光线时应该采用逆光或侧逆光拍摄，同时注意对画面做正向曝光补偿。

▲ 这4张照片虽然拍摄的是不同的山峰，但具有相同的特色，即均属于用云雾为画面营造气氛的类型，画面均有一种神秘、缥缈的意境

用前景衬托环境的季节之美

在不同的季节里，山峦会呈现出不一样的景色。春天的山峦在鲜花的簇拥之中，显得美丽多姿；夏天的山峦被层层树木和小花覆盖，显示出了大自然强大的生命力；秋天的红叶使山峦显得浪漫、奔放；冬天山上大片的积雪又让人感到寒冷和宁静。可以说四季之中，山峦各有不同的美感。

因此，在拍摄山脉时要有意识地在画面中安排前景，配以其他景物如动物、树木等作为陪衬，不但可以借用四季的特色美景，使画面更具有立体感和层次感，而且可以营造出不同的画面气氛，增强作品的表现力。

例如，可以根据当时拍摄的季节，将树木、花卉、动物、绿地、雪地等景物安排成为前景。

▲ 前景中的绿植不仅美化了画面，增强了画面的空间感，同时也很好地展现了春季欣欣向荣的特点（焦距：28mm　光圈：F11　快门速度：1/100s　感光度：ISO100）

▼ 前景中的黄色树木作为画面的前景，交代了照片是在秋天拍摄的同时，也增加了画面的空间感，使雪山看起来更具立体感（焦距：30mm　光圈：F8　快门速度：1/500s　感光度：ISO100）

利用大小对比突出山的体量感

古诗云"不识庐山真面目，只缘身在此山中"，从中可知要想拍出山的整体效果，就要在山的外围或另外的山顶处拍摄，这样才能以更宽广的视角观察和拍摄山脉。

而只找到合适的拍摄角度是远远不够的，想要表现山的雄伟气势及壮观效果，最好的方法就是在画面中加入人物、房屋、树木等人们已熟知的物体，作为参照物来衬托山体，从而通过以小衬大的对比手法，使观者能够很容易地体会到山的体量。另外，在拍摄时，应注意对比元素的大小及在画面中出现的位置，恰当的构图也是突出山的体量的重要因素之一。

▲ 摄影师采用对比的手法拍摄山峰，将人物作为参照物，以此突出山的雄伟与壮观（焦距：30mm 光圈：F16 快门速度：1/400s 感光度：ISO100）

三角形构图表现山体的稳定

三角形被认为是最稳定的图形，能够给人一种稳定、雄伟、持久的感觉。当三角形正立时，由于这种图形不会倾倒，所以经常用于表现山脉的稳定感。

此外，由于三角形的两边呈现陡峭的上升趋势，因此使用这种构图形式可以表现山脉的势差。

使用这种构图形式拍摄山体时，最好通过构图使画面中不仅仅只出现一个三角形，如果画面中能够出现 3~5 个三角形，就可使画面看上去内容更丰富，更有层次感和趣味性，这样的画面不会显得单调和重复。

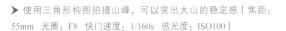

▶ 使用三角形构图拍摄山峰，可以突出大山的稳定感（焦距：55mm 光圈：F8 快门速度：1/160s 感光度：ISO100）

树木摄影实战攻略

仰视拍出不一样的树冠

由于广角镜头具有拉伸景物的线条，使景物出现透视变形的特点，因此拍出景物的透视感很强。采用广角镜头仰视拍摄树冠，会因为拍摄角度和广角镜头的变形作用，使得画面中的树显得格外高大、挺拔。

由于采用这种角度拍摄时，画面的背景为蓝天，因此画面显得很纯净，如果所拍摄的树叶为黄色或红色，那么画面中的蓝色、红色或黄色会形成强烈的颜色对比，使画面的色彩显得更鲜艳。

▶ 采用广角镜头仰视拍摄，蔚蓝的天空与黄色的林木形成了颜色上的强烈对比，画面视觉冲击力强（焦距：24mm 光圈：F13 快门速度：1/60s 感光度：ISO100）

捕捉林间光线使画面更具神圣感

如果树林中的光线较暗，当阳光穿透林中的树叶时，由于被树叶及树枝遮挡，会形成一束束透射林间的光线。拍摄这类题材的最佳时间是早晨及近黄昏时分，此时太阳斜射向树林中，能够获得最好的画面效果。

在实际拍摄时，拍摄者可以迎着光线逆光拍摄，也可以与光线平行侧光拍摄。在曝光控制方面，可以以林间光线的亮度为准拍摄暗调照片，以衬托林间的光线；也可以在此基础上降低1挡曝光补偿，以获得亮一些的画面效果。

高手点拨

通过缩小光圈和使用广角镜头的方法，可让画面纳入更多的景物，并形成明显的透视效果，从而使画面中光芒四射的效果更为明显。

▼ 光线透过树枝形成夺目的光芒状，在为画面增强神圣感的同时，也使画面更具有形式美感（焦距：24mm 光圈：F7.1 快门速度：10s 感光度：ISO100）

表现线条优美的树枝

把照片拍成剪影效果可以淡化被摄主体的细节特征，从而强化其形状和外轮廓。树木通常有精简的主枝干和繁复的树枝，摄影师可以根据树木的这一特点，选择一片色彩绚丽的天空作为背景，将前景处的树木处理成剪影形式，画面中树木枝干密集处会表现为星罗密布、大小枝干相互穿梭的效果，且枝干有如绘制的精美花纹图案一般浮华炫灿，于稀疏处呈现出俊朗秀美的外形。

▲ 摄影师采用逆光的角度将一棵大树融入布满晚霞的天空背景中，繁复的枝叶被表现成为复杂多变的黑色线条，整个画面给人一种繁复至极的形式美感（焦距：20mm　光圈：F4　快门速度：1/125s　感光度：ISO100）

溪流与瀑布摄影实战攻略

用中灰镜拍摄如丝的溪流与瀑布

拍摄溪流与瀑布时，如果使用较慢的快门速度，可以拍出如丝般质感的溪流与瀑布。为了防止曝光过度，可使用较小的光圈，如果还是曝光过度，应考虑在镜头前加装中灰镜，这样拍摄出来的溪流与瀑布是雪白的，像丝绸一般。由于使用的快门速度较慢，在拍摄时保持相机的稳定至关重要，所以三脚架是必不可少的装备。

若想拍出如丝的溪流与瀑布，应注意如下几点。

■因为需要较长时间曝光，所以需要使用三脚架来固定相机，并确认相机稳定且处于水平状态，同时还可以配合使用快门线和反光镜预升功能，避免因震动而导致画面不实。

■为避免衍射影响画面的锐度，最好不要使用镜头的最小光圈。

■由于快门速度影响水流的效果，所以拍摄时最好使用快门优先模式，这样便于控制拍摄效果。拍摄瀑布时使用1/3~4s左右的快门速度，拍摄溪流时使用3~10s左右的快门速度，都可以柔化水流。

▲ 在中灰镜的作用下，快门速度变慢，从山上流下来的瀑布仿佛水帘般迷人，由于快门速度较低，画面显得更加梦幻、唯美（焦距：80mm 光圈：F10 快门速度：4s 感光度：ISO50）

拍摄精致的溪流局部小景

在摄影中，大场景固然有大场景的气势，而小画面也有小画面的精致。拍摄溪流时，使用广角镜头表现其宏观场景固然是很好的选择，但如果受拍摄条件限制或光线不好，也不妨用中长焦镜头，沿着溪流寻找一些小的景致，如浮萍飘摇的水面、遍布青苔的鹅卵石、落叶缤纷的岸边，也能够拍摄出别有一番风味的作品。

▶ 水雾状的流水，散落的黄叶，这一别致的小景展示出秋季的美丽（焦距：30mm 光圈：F9 快门速度：3s 感光度：ISO100）

通过对比突出瀑布的气势

在没有对比的情况下，很难通过画面直观判断出一个景物的体量。

因此，在拍摄瀑布时，如果希望体现出瀑布宏大的气势，就应该通过在画面中加入容易判断体量大小的画面元素，从而通过大小对比来表现瀑布的气势，最常见的元素就是瀑布周边的旅游者或游船等。

▶ 飞流直下的瀑布与躺椅形成了动静、大小的对比，将瀑布宏大的气势很好地衬托出来（焦距：20mm 光圈：F14 快门速度：1/200s 感光度：ISO100）

斜线构图表现水流的动感

采用斜线构图可以增强画面的动感表现，使画面在空间上产生流动感，将二维的画面拉近并表现出三维效果。在拍摄水流时，可选择较慢的快门速度，以将水流的轨迹凝固成线条状在画面中突出表现出来，并尝试将水迹以斜线的形式呈现在画面中，最终制造出富有动感、汹涌的水流画面效果。

▲ 采用斜线构图使瀑布更具动势，另外通过深色与白色的对比，使瀑布的水流质感得到突出表现（焦距：16mm 光圈：F11 快门速度：6s 感光度：ISO100）

曲线构图拍出蜿蜒的溪流

曲线构图能够给人柔和的视觉感受，画面的线条也更富于变化，从而引导观者的视线随之蜿蜒转移，画面会呈现出舒展的视觉效果。这种构图形式，极适合拍摄蜿蜒流转的河流、溪流。

在具体拍摄时，摄影师应该站在较高的位置，以俯视的角度，从河流、溪流经过的位置寻找能够形成曲线的局部，从而使画面产生流动感和优美的韵律。

呈曲线蜿蜒流淌的溪流不仅给画面带来了富于变化的视觉效果，同时还强调了其自身的流动感（焦距：35mm 光圈：F14 快门速度：3s 感光度：ISO200）

利用前景丰富画面、突出空间感

想要表现画面的空间感，可以在取景时在画面的前景处安排水边的树木、花卉、岩石等，这样不仅能够避免画面单调，还能够通过近大远小的透视对比表现画面的开阔感与纵深感。

▼ 利用清澈水底下的小石块及布满青苔的大石块作为前景，不仅丰富了画面元素，渲染了画面氛围，还使画面更具空间感（焦距：18mm 光圈：F22 快门速度：2s 感光度：ISO100）

河流与湖泊摄影实战攻略

逆光拍摄出有粼粼波光的水面

无论拍摄的是湖面还是海面，在有微风的情况下逆光拍摄，都能够拍出闪烁着粼粼波光的水面。如果拍摄的时间接近中午，由于此时的光线较强，色温较高，则粼粼波光的颜色会偏白色。如果是在清晨、黄昏时拍摄，由于此时的光线较弱，色温较低，则粼粼波光的颜色会偏金黄色。

为了能拍出这样的美景，应注意如下两点。

■ 要使用小光圈，从而使粼粼波光在画面中呈现为小小的星芒。

■ 如果波光的面积较小，要做负向曝光补偿，因为此时大部分场景为暗色调；如果波光的面积较大，是画面的主体，要做正向曝光补偿，以弥补过强的反光对曝光的影响。

▼ 以逆光进行拍摄，通过增加 1 挡的曝光补偿，使水面上的波光更为闪耀，远景呈剪影状帆船的纳入，让画面看起来更加生动（焦距：85mm 光圈：F20 快门速度：1/500s 感光度：ISO200）

选择合适的陪体使湖泊更有活力

拍 摄湖泊时，为了避免画面显得过于单调，可纳入一些岸边景物来丰富画面内容，树林、薄雾、岸边的丛丛绿草等都是经常采用的景物。

但如果希望画面更具有活力，还需要在画面中安排具有活力的被摄对象，如飞鸟、小舟、游人等都可以为画面增添活力，在构图时要注意这样的对象在画面中起到的是画龙点睛的作用，因此不必占据太大的面积。

此外，这些对象在画面中的位置也很关键，最好将其安排在黄金分割点上。

▲ 夕阳西下，湖面上波光粼粼，以剪影形式表现的船只，作为"动"景，打破了湖面的宁静，使画面变得很有活力（焦距：40mm 光圈：F10 快门速度：1/500s 感光度：ISO200）

◀ 湖面上正在捕鱼的小舟以剪影的形式出现，被安排在画面前景，结合远处朦胧雾气的渲染，突出了江南水乡之美（焦距：40mm 光圈：F6.3 快门速度：1/400s 感光度：ISO200）

采用对称构图拍摄有倒影的湖泊

拍摄水面时，要体现场景的静谧感，应该采用对称构图的形式将水边树木、花卉、建筑、岩石、山峰等的倒影纳入画面，这种构图形式不仅使画面极具稳定感，而且也丰富了画面构图元素。拍摄此类题材最好选择风和日丽的天气，时间最好选择在凌晨或傍晚，以获得更丰富的光影效果。

采用这种构图形式拍摄时，如果使水面在画面中占据较大的面积，则要考虑到水面的反光较强，应适当降低曝光量，以避免水面的倒影模糊不清。需要注意的是，作为一种自然现象，倒影部分的亮度不可能比光源部分的亮度更大。

平静的水面有助于表现倒影，如果拍摄时有风，则会吹皱水面而扰乱水面的倒影，但如果水波不是很大，可以尝试使用中灰渐变镜进行阻光，从而将曝光时间延长到几秒钟，以便将波光粼粼水面中的倒影清晰地表现出来。

蓝天、白云、山峦、树林等都会在湖面形成美丽的倒影，在拍摄湖泊时可以采取对称构图形式，将画面的水平线放在画面的中间位置，使画面的上半部分为天空，下半部分为倒影，从而使画面显得更加静谧。也可以按三分法构图原则，将水平线放在画面的上三分之一或下三分之一位置，使画面更富有变化。

▼ 平静的水中倒映着雪山和树木的影子，因为采用的是对称构图形式，使画面除了有对称协调的美感之外，还有一种韵律美（焦距：17mm 光圈：F8 快门速度：1/500s 感光度：ISO100）

海洋摄影实战攻略

用慢速快门拍出雾化海面

在采用长时间曝光拍摄的海面风光作品中，运动的水流会被虚化成柔美细腻的线条，如果曝光时间再长一些，海水的线条感就会被削弱，最终在画面中呈现为雾化效果。

拍摄时应根据这一规律，事先在脑海中构想出需要营造的画面效果，然后观察其运动规律，通过对曝光时间的控制，进行多次尝试，就可得到最佳的画面效果。

如果通过长时间曝光将运动的海面虚化成为柔美的一片，与近景处静止堆积着的巨大石块之间形成虚实、动静的对比，会使整个画面愈发显得美不胜收，如果在画面中能够增加穿透厚厚云层的夕阳余晖，则可以使画面变得更漂亮。

▼ 使用慢速快门拍摄海面，海面呈现出了雾状效果，画面柔滑且细腻，在海边粗糙石块的相衬之下，画面充满了刚柔并济之美（焦距：17mm 光圈：F16 快门速度：5s 感光度：ISO100）

利用高速快门凝固飞溅的浪花

巨浪翻滚拍打岩石这样惊心动魄的画面，总能给观者的心灵带来从未有过的震撼。要想完美地表现出海浪波涛汹涌的气势，在拍摄时要注意对快门速度的控制。高速快门能够抓拍到海浪翻滚的精彩瞬间，而适当地降低快门速度进行拍摄，则能够使溅起的浪花形成完美的虚影，画面极富动感。

如果采用逆光或侧逆光拍摄，浪花的水珠就能够折射出漂亮的光线，使浪花看上去剔透晶莹。

▲ 适当降低快门使得飞溅的浪花形成了漂亮的丝缕状，画面更富有动感，雪白的浪花与礁石使画面呈现出强烈的刚与柔、明与暗、瞬间与永恒的对比（焦距：35mm 光圈：F9 快门速度：1/20s 感光度：ISO100）

利用不同的色调拍摄海面

自然界中的光线千变万化，不同的光线、不同的时段可以产生不同的色调，以不同的色调拍出的海面效果也不同。例如暖色调的海面给人温暖、舒适的感觉，画面呈现出一派祥和的气氛；而冷色调的海面则给人以恬静、清爽的感觉，最能表现出宁静、悠远的意境。

▶ 日落时分色温较低，靠近夕阳的海面呈现出暖暖的金黄色，而前景中的海水由于长时间曝光形成蓝色的雾化效果，使画面呈现出神秘、神奇之感（焦距：50mm 光圈：F8 快门速度：6s 感光度：ISO100）

通过陪体对比突出大海的气势

所谓"山不厌高，海不厌深"，大海因它不择细流，不拘小河，才能成其深广。面对浩瀚无际的大海，要想将其宽广、博大的一面展现在观者面前，如果没有合适的陪体来衬托，很难将其有容乃大的性格表现出来。所以在拍摄宽广的海面时，要时刻注意寻找合适的陪体来点缀画面，通过大小、体积的对比来反衬大海的广博、浩瀚。

对比物的选择范围很广，只要是能够为观者理解、辨识、认识的事物均可，如游人、小艇、建筑等。

▲ 船只的小，把大海衬托得更加辽阔。这种对比的表现手法，也是很多摄影师喜欢采用的拍摄技法之一（焦距：21mm　光圈：F11　快门速度：1/20s　感光度：ISO100）

▲ 画面中的人物显得微小，正因为如此，才能通过博大与微小间的对比衬托出大海的气势（焦距：27mm　光圈：F7.1　快门速度：1/200s　感光度：ISO100）

利用明暗对比拍摄海水

在拍摄海景时，还可以通过岸边礁石的暗色与海水的亮色，使画面形成的明暗反差，使水流在画面中得以突出表现。拍摄时要根据重点表现的对象进行测光及曝光补偿。

如果要表现暗的礁石，应该以点测光对准亮度中等的海水进行测光，使礁石由于曝光不足而呈现为暗调；另外，如果海水的面积较大，应该做正向曝光补偿，以还原海水的亮度。

总之，要通过前面讲述的各种拍摄技法使画面形成明暗对比，从而使海水或礁石在画面中显得更加突出。

▶ 长时间曝光使海水被雾化为白色，与深色的礁石形成了强烈的明暗对比，礁石间若隐若现的海水使得画面层次分明、纵深感更强烈（焦距：17mm　光圈：F22　快门速度：3s　感光度：ISO100）

草原摄影实战攻略

利用牧人、牛、羊使草原有勃勃生机

要拍摄辽阔的草原，画面中不应仅有天空和草原，这样的照片会显得平淡而乏味，必须要为画面安排一些能够带来生机的元素，如牛群、羊群、马群、收割机、勒勒车、蒙古包、小木屋等。

如果上述元素在画面中的分布较为分散，可以使用散点式构图，拍摄散落于草原之中的农庄、村舍、马群等，使整个画面透露出一种自然、质朴的气息。如果这些元素分布并不十分分散，应该在构图时注意将其安排在画面中的黄金分割点位置，以使画面更美观。

▲ 草原、蓝天和白云构成了一幅优美的画卷，给人一种亲切自然的感觉，呈散点分布的羊儿不仅可以丰富画面元素，还能使画面更有活力（焦距：28mm　光圈：F16　快门速度：1/200s　感光度：ISO100）

利用宽画幅表现壮阔的草原画卷

虽然，用广角镜头能够较好地表现开阔的草原风光，但面对着一眼望不到尽头的草原，只有利用超长画幅才能够真正给观者带来视觉上的震撼与感动。超长画面并不是一次拍成的，通常都是由几张照片拼合而成，其高宽比甚至能够达到1∶3或1∶5，因此能够以更加辽阔的视野展现景物的全貌。

由于要拍摄多张照片进行拼合，因此在转动相机拍摄不同视角的场景时，应注意彼此之间要有一定的重叠，即在上一张照片中出现的标志性景物，如蒙古包、树林、小河，应该有一部分在下一张照片中出现，这样在后期处理时，才能够更容易地将它们拼合在一起。

▼ 这幅横画幅草原画面是由 8 张照片拼合而成的，大景深的画面看起来视野很宽广，而且色调清爽，给人平静、安逸的感觉

冰雪摄影实战攻略

选择合适的光线让白雪晶莹剔透

顺光观看白雪时会感觉很刺目，这是因为反光极强的积雪表面将大量的光线反射到人眼中，看上去犹如镜面一般。因此，可以想象采用顺光拍摄白雪时，必然会因为光线减弱了白雪表面的层次和质感，而无法很好地将白雪晶莹剔透的质感表现出来。

所以，顺光并不是拍摄雪景理想的光线，只有采用逆光、侧逆光或侧光拍摄，且太阳的角度又不太大时，冰晶由于背光而无法反射出强烈的光线，因此积雪表面才不至于特别耀眼，雪地的晶莹感、立体感才能被充分表现出来。

因此，在拍摄雪景时，如果要突出表现其晶莹剔透的质感，可选择逆光、侧逆光拍摄，并选择较深的背景来衬托。逆光拍摄时应选择点测光模式，同时适当增加 0.3~1.7 挡的曝光补偿，以便得到晶莹剔透的冰雪效果。

▲ 近距离逆光拍摄冰雪，适当降低 1 挡曝光补偿可将冰雪透明的质感充分表现出来（焦距：50mm　光圈：F2.8　快门速度：1/4000s　感光度：ISO200）

选择白平衡为白雪染色

在拍摄雪景时，摄影师可以结合实际环境的光源色温进行拍摄，以得到洁净的纯白影调、清冷的蓝色影调或金黄的冷暖对比影调。或者结合相机的白平衡设置来获得独具创意的画面影调效果，以服务于画面的主题。例如，使用阴天或阴影白平衡模式有助于使场景的色调更偏向暖色，使白雪染上一层红色或黄色；而如果希望让白雪看上去更冷，可以使用荧光灯、白炽灯白平衡模式，使白雪染上一层蓝色。

▲ 落日将天空染成红色，地面上的积雪也被映衬上了颜色，拍摄时使用阴影白平衡可以强化这种色彩的表现，从而获得一种暖色的雪景效果（焦距：24mm 光圈：F9 快门速度：1/200s 感光度：ISO100）

▼ 雪后所有景物都被积雪覆盖，加上蓝色天空中大面积的白云，拍摄时使用荧光灯白平衡可使画面呈现出冷冷的蓝调，将冬季寒冷的感觉突出表现出来（焦距：17mm 光圈：F16 快门速度：1/2s 感光度：ISO100）

利用蓝天与白雪形成鲜明对比

根据色彩理论，蓝色与白色在同一画面中能够形成更好的对比效果，使蓝色显得更蓝，白色显得更白。拍摄雪景时，可以采取仰视角度以蓝天作为背景，以便画面中的雪显得更加洁白。

如果拍摄时采用的是平视角度，则远景处应该没有遮挡，以便能够拍摄到碧蓝的天空，且在构图时其面积不应该过小，否则色彩的对比效果会不明显。

拍摄时可以使用偏振镜降低天空的亮度、提高色彩饱和度，使天空更蓝，从而将树挂、积雪等主体更加突出地表现出来。

▶ 拍摄时以天空为背景，使整个画面一半湛蓝，一半洁白，画面看起来很干净、通透（焦距：55mm　光圈：F11　快门速度：1/500s　感光度：ISO320）

拍摄雪景的其他小技巧

要拍好雪景，除了需要增加曝光补偿及选择合适的光线外，还要注意选择行人较少的地方拍摄，这样雪地不会显得太零乱。

在构图时，最好在画面中安排一些深色或艳色的景物，否则白茫茫的画面未免显得单调。

许多摄友会在雪后晴天出去拍摄，此时如果将蓝天纳入画面成为背景，应该在镜头前加装偏振镜，以吸收白雪反射的偏振光，同时压暗天空的亮度，增加天空的饱和度，这样才能拍摄出漂亮的蓝天白雪景色。

如果条件允许，即使是正在飘雪，也可以进行拍摄，此时拍摄的主体自然是飞舞的雪花。拍摄时应选择不低于1/60s的快门速度，并在构图时纳入一些颜色较鲜艳或较暗的物体，这样才能够反衬出飘舞在空中的白色雪花。

雾景摄影实战攻略

雾气不仅能够增强画面的透视感，还赋予了画面朦胧的气氛，使照片具有别样的诗情画意。一般来说，由于浓雾的能见度较差，透视性不好，不适宜拍摄，拍摄雾景时通常应选择薄雾。另外，雾霭的成因是水汽，因此应该在冬、春、夏季交替之时，寻找合适的拍摄场景。拍摄雾气的场所往往具有较大的湿度，因此需要特别注意保护相机及镜头，防止器材受潮。

调整曝光补偿使雾气更洁净

由于雾气是由微小的水滴组成的，其对光线有很强的反射作用，如果按相机自动测光系统给出的数据拍摄，则雾气中的景物在画面中将呈现为中灰色调，因此需要使用曝光补偿功能进行曝光校正。

根据白加黑减的曝光补偿原则，通常应该增加1/3~1挡曝光补偿。

在进行曝光补偿时，要考虑所拍摄场景中雾气的面积这个因素，面积越大意味着场景越亮，就越应该增加曝光补偿；如果面积很小的话，可以不进行曝光补偿。

如果对于曝光补偿的增加程度把握不好，建议以"宁可欠曝也不可过曝"的原则进行拍摄。

▲ 弥漫的雾气不仅增强了画面的层次感，还使画面显得更有空间感，增加曝光补偿后，雾气显得更加洁白，配合若隐若现的山峰、树木产生了一种高雅、朦胧的画面效果（焦距：45mm 光圈：F8 快门速度：1/200s 感光度：ISO200）

选择合适的光线拍摄雾景

顺光拍摄薄雾中的景物时，强烈的散射光会使空气的透视效应减弱，景物的影调对比和层次感都不强，色调也显得平淡，画面缺乏视觉趣味。

拍摄雾景最合适的光线是逆光或侧逆光，在这两种光线照射下，薄雾中除了散射光外，还有部分直射光，雾中的物体虽然呈剪影效果，但这种剪影是经过雾层中散射光柔化的，已由深浓变得浅淡、由生硬变得柔和了。随着景物在画面中的远近不同，将呈现近大远小的透视效果，同时色调也呈现出近实远虚、近深远浅的变化，从而在画面中形成浓淡互衬、虚实相生的效果，因此最好选择逆光或者侧光拍摄雾中的景物，这样整个画面才会显得生机盎然、韵味横生、富有表现力和艺术感染力。

在拍摄雾景时，可根据拍摄环境的不同来选择相应的测光模式。

- 如果光线均匀、明亮，可以选择评价测光模式。
- 如果拍摄场景中的雾气较少、暗调景物多，或希望拍出逆光剪影效果，应该选择点测光模式，并对着画面的明亮处测光，以避免雾气部分过曝而失去细节。

▼ 采用逆光拍摄雾景，雾气呈现出细腻的明暗变化，加上山峦起伏的线条，画面具有很强的艺术感染力（焦距：200mm　光圈：F7.1　快门速度：1/100s　感光度：ISO200）

蓝天白云摄影实战攻略

拍摄出漂亮的蓝天白云

虽然，许多摄影师认为蓝天白云这类照片很俗，但实际上即使面对这样的场景，如果没有掌握正确的拍摄方法，也不可能拍出想要的效果。最常见的情况是，在所拍出的照片中，地面上的景物是清晰的、颜色也是纯正的，但蓝天却泛白色，甚至像一张白纸。

要拍出漂亮的蓝天白云照片，首要条件是必须选择晴朗天气，在没有明显污染地方的拍摄效果会更好，因此在乡村、草原等地区能够拍出更美的天空。另外，拍摄时最好选择顺光。

在拍摄蓝天白云时，还要注意以下两个技术要点。

■ 为了拍摄出更蓝的天空，拍摄时要使用偏振镜。将它安装在镜头前，并旋转到一定角度即可消除空气中的偏振光，提高天空中蓝色的饱和度，从而使画面中景物的色彩更加浓郁。

■ 一般应做半挡左右的负向曝光补偿，因为只有在稍曝光不足时，才能拍出更蓝的天空。

▼ 利用偏振镜拍摄的画面，纯净的蓝天和洁白的云彩下是碧绿的草原，画面颜色很干净，有种沁人心脾的通畅感（焦距：18mm 光圈：F9 快门速度：1/320s 感光度：ISO200）

拍摄天空中的流云

很少有人会长时间地盯着天空中飞过的流云，因此也就很少有人注意到头顶上的云彩来自何方，去往哪里，但如果摄影师将镜头对着天空中漂浮不定的云彩，则一切又会变得与众不同。使用低速快门拍摄时，云彩会在画面中留下长长的轨迹，呈现出很强的动感。

要拍摄这种流云飞逝的效果，需要将相机固定在三脚架上，采用B门进行长时间曝光，在拍摄时为了避免曝光过度而导致云彩失去层次，应该将感光度设置为ISO100，如果仍然会曝光过度，可以考虑在镜头前面加装中灰镜，以减少进入镜头的光线。

▼ 使用中灰镜及长时间曝光拍摄，将云彩流动的轨迹记录了下来，形成了放射状构图，水面也被雾化，使画面看起来具有强烈的视觉张力（焦距：16mm　光圈：F14　快门速度：300s　感光度：ISO400）

日出日落摄影实战攻略

用长焦镜头拍摄出大太阳

如果希望在照片中呈现出体积较大的太阳，要尽可能使用长焦镜头。通常在标准的画面中，太阳的直径只是焦距的 1/100。因此，如果用 50mm 标准镜头拍摄，太阳的直径为 0.5mm；如果使用 200mm 的镜头拍摄，则太阳的直径为 2mm；如果使用 400mm 长焦镜头拍摄，太阳的直径就能够达到 4mm。

▶ 拍摄日落时，为了使太阳在画面中所占面积更大，应尽量使用焦距更长的镜头，曝光时可适当减少曝光补偿，以使画面的色彩更饱和（焦距：200mm　光圈：F7.1　快门速度：1/500s　感光度：ISO100）

选择正确的测光位置及曝光参数

拍摄日出日落时，如果在画面中包含地面的场景，则会由于天空与地面的明暗反差较大，使曝光有一定的难度。如果希望拍摄剪影效果，即让地面上的景物在画面中表现为较暗色调甚至是黑色剪影，测光时可将测光点定位在太阳周围较明亮的天空处。

如果拍摄的是日落景色，且太阳还未靠近地平线，由于此时整个拍摄环境光照较好，为了使地面的景物在成像后有一定的细节，应对准太阳周围的云彩的中灰部测光，以兼顾天空与地面的亮度。另外，如果天空中的薄云遮盖住了太阳，人直视太阳不感觉刺目，可以对太阳直接测光、拍摄，以突出表现太阳，因此拍摄时应灵活选择测光位置。

◀ 拍摄时对准天空中最亮区域的附近测光后，再稍微减少曝光量，使得天空和湖面都有较丰富的细节，而地面景物则呈现为剪影效果，画面的视觉冲击力很强（焦距：30mm　光圈：F11　快门速度：1/10s　感光度：ISO100）

用云彩衬托太阳使画面更辉煌

在表现夕阳的辉煌时，需用天空的云彩来衬托，当天空中布满形状各异的云彩时，在太阳的照射下，整个天空看上去绚丽、奇幻。为了避免天空中的云彩与地面上的景物明暗反差过大

而影响画面层次，可在镜头前安装中灰渐变镜来压暗天空，以减少云彩的细节损失。拍摄时还可使用广角镜头多纳入天空中的云彩，从而得到具有强烈透视效果的画面，使其看起来更有气势。

用美丽的云彩作为表现对象，具有放射状的云彩不仅渲染了太阳的辉煌，更为画面增加了艺术感染力（焦距：17mm　光圈：F14　快门速度：2s　感光度：ISO100）

拍摄透射云层的光线

如果太阳的周围云彩较多，则当阳光穿透云层的缝隙时，透射出云层的光线表现为一缕缕的光束，如果希望拍摄出这种透射云层的光线效果，应尽量选择小光圈，并通过做负向曝光补偿提高画面的饱和度，使画面中的光芒更加夺目。

▶ 在表现放射状光线时，将白平衡设置成荧光灯模式以获得冷调画面，从而将这样的光线效果衬托得更加突出，地面上人物及茅草的剪影强化了光线穿透云层的力量感（焦距：50mm　光圈：F5.6　快门速度：1/1600s　感光度：ISO320）

星轨摄影实战攻略

星轨是一个比较有技术难度的拍摄题材，总的说来，要拍摄出漂亮的星轨，应具备"天时"与"地利"。

"天时"是指时间与气象条件，拍摄时间最好选择夜晚，此时明月高挂、星光璀璨，能拍摄出漂亮的星轨，天空中应该没有云层，以避免其遮盖住了星星。

"地利"是指拍摄的地点，由于城市中的光线较强，空气中的颗粒较多，因此对拍摄星轨有较大影响。所以，要拍出漂亮的星轨，拍摄地点最好选择在郊外或乡村。构图时要注意利用地面的山、树、湖面、帐篷、人物等对象，以丰富画面内容。同时要注意，如果画面中容纳了比星星还要亮的对象，如月亮、地面的灯光等，长时间曝光之后，这部分区域很容易出现严重曝光过度，从而影响画面整体的艺术性，所以在构图时要注意回避此类对象出现在画面中。

除了上述两点外，还要掌握一些拍摄技巧。例如，拍摄时要使用 B 门，以自由地控制曝光时间。因此，如果使用了带有 B 门快门释放锁的快门线，就能够让拍摄变得更加轻松。如果出现对焦困难，应该采用手动对焦的方式。

此外，还要注意拍摄时镜头的方位。如果是将镜头中心点对准北极星长时间曝光，拍出的星轨会成为同心圆，在这个方向上曝光 1 小时，画面中的星轨弧度为 15°；如果曝光 2 小时，则画面中的星轨弧度为 30°。而朝东或朝西拍摄，则会拍出斜线或倾斜圆弧状的星轨画面。

正所谓"工欲善其事，必先利其器"，拍摄星轨时，器材的选择也很重要。质量可靠的三脚架自不必说；镜头对拍摄效果也有很大影响，拍摄星轨应选择广角镜头或标准镜头，通常选择 35~50mm 焦距的镜头。选择短焦镜头虽然能够拍摄更大的场景，但星轨在画面中会显得比较细；而如果焦距过长，视野又会显得过窄，不利于拍摄星轨。

▲ 湛蓝天空中的星星轨迹不仅很美观，在地面景物的衬托下，也显得很有气势（焦距：20mm 光圈：F7.1 快门速度：1/2773s 感光度：ISO800）

▲ 使用三脚架和快门线拍摄晴朗夜空中的星星，长时间的曝光拍摄到有趣的旋涡状的星轨效果，配合前景绿色的树木、山峰，画面充满神奇色彩及艺术感染力（焦距：30mm 光圈：F11 快门速度：3680s 感光度：ISO100）

闪电摄影实战攻略

由于闪电的停留时间极短，当人眼看到闪电并产生反应按下快门时，闪电早已一闪而过，即使是以最敏捷的动作也无法捕捉到闪电，因此，拍摄闪电不能用"抓拍"的方法，而应打开快门"等拍"闪电。

闪电没有固定的出现位置，通常一次闪电出现后，再在同一位置出现的概率非常小，因此，闪电的位置是不断变动的，取景时不可能根据上一次闪电出现的位置判断出下一次闪电会出现在哪个位置，因此拍摄闪电的成功率不高，要有拍摄失败的思想准备。

拍摄前对下一次闪电出现的位置进行预测并做好构图准备，在闪电来临前按下快门即可捕捉到一道或多道闪电了（焦距：18mm 光圈：F8 快门速度：6s 感光度：ISO100）

拍摄闪电也有"天时"、"地利"的问题。夏季是拍摄闪电的黄金季节，夏季的闪电或是以水平方向扩张，或是从高空向地面打下来，此时的闪电力度大、频率高，因此是拍摄闪电的首选时节。

而"地利"则更为重要，因为这关系到拍摄者自身的安危。拍摄的地点不能够过于靠近易于导电的物体，如树、电线杆等，另外要为相机罩上防雨的套子或袋子。

从技术角度来看，拍摄闪电涉及一定的曝光与构图技巧。

曝光模式应该选择 B 门模式，并设置光圈数值为 F8~F13，光圈不能太小，否则画面中闪电的线条会过细。

构图时要注意闪电的主体和地面景物的搭配，为了凸显空中闪电的美丽与气势，可以地面的局部景物来衬托，使画面看起来更加平衡。此外，还要注意空中云彩对画面的影响，要注意避开近景处较强的灯光射入镜头而造成的眩光，有必要的话，还应该在镜头前加遮光罩。

拍摄闪电是一个挑战与机遇并存的拍摄活动，因为闪电不总会如期而至，因此与其说是抓拍闪电，还不如说是等拍闪电，摄影师应该先将照相机固定在三脚架上，确定闪电可能出现的方位后，将镜头对准闪电出现最频繁的方向，切换为 B 门模式，使用线控开关打开快门按钮，准备"等拍"闪电，待闪电过后，释放快门按钮，完成一次拍摄操作。

如果要在照片中合成多次闪电的效果，在闪电出现后用黑卡纸遮挡镜头，重复操作几次即可。

彩虹摄影实战攻略

雨后彩虹是由于雨后空气中存在的大量水汽使阳光发生折射，将光谱中的各种色彩以圆弧形展现出来的自然现象，说到底是一种光的色散现象。彩虹一般会很快消失，属于可遇不可求的自然景观，因此拍摄时需要抓紧时间。

拍摄彩虹最好使用广角镜头，这样可以将彩虹完整地拍摄下来，如果考虑到构图的需要，也可以选取彩虹的一部分。

为了将彩虹的颜色拍得更鲜艳，可以在相机测光数值的基础上适当减少曝光量。

拍摄时应该刻意在画面中安排一些地面景物，例如拍摄河湖上空的彩虹、长桥上空的彩虹以及草原上空的彩虹，这样的照片更有情趣，画面给人一种天人合一的感觉。

拍摄时不要使用偏振镜，否则会减弱彩虹的颜色。

使用小光圈拍摄的雨后彩虹，画面色彩绚丽又朴实自然，纳入少量的地面景物可以起到丰富画面元素的作用（焦距：25mm　光圈：F20　快门速度：1/160s　感光度：ISO100）

使用广角镜头将草原上空的彩虹完整地呈现在画面中，配合小光圈的使用，画面视野非常广阔，给人心旷神怡的感受（焦距：24mm　光圈：F16　快门速度：1/100s　感光度：ISO100）

雨景摄影实战攻略

要想拍摄空中飘落的雨丝，应选择较深的背景进行衬托，如山峰、峭壁、树林、街道以及人群等。在构图时应避开天空，用稍俯视的角度让房屋、街道、人群充实画面。拍摄时要注意白平衡的设置，通常应将白平衡设置为阴天模式，使画面获得真实的色彩还原。

拍摄时所使用的快门速度将影响画面中雨丝的长短，使用的快门速度越快，则画面中的雨丝越短；所使用的快门速度越慢，则画面中的雨丝越长。通常用1/4~1/8s 的快门速度可得到较长的雨丝，若想将雨点凝固在画面中，可提高快门速度。

除了直接表现飘落的雨滴外，还可以通过雨滴在水面激起的涟漪来间接表现雨天的景致。

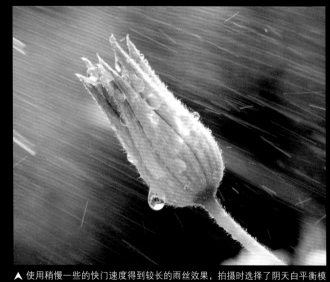

▲ 使用稍慢一些的快门速度得到较长的雨丝效果，拍摄时选择了阴天白平衡模式，使画面的色彩得到真实的还原（焦距：200mm　光圈：F6.3　快门速度：1/4s 感光度：ISO400）

▼ 渺渺细雨中，远处的景象呈现为白茫茫的一片，将江南烟雨缥缈的特点表现得淋漓尽致（焦距：85mm 光圈：F10　快门速度：1/160s 感光度：ISO200）

Chapter 19

Canon EOS 7D Mark Ⅱ

城市建筑摄影高手实战攻略

建筑摄影实战攻略

在建筑中寻找标新立异的角度

拍惯了大场景建筑的整体气势以及小细节的质感、层次感，不妨尝试拍摄一些与众不同的画面效果，不管是历史悠久的，还是现代风靡的，不同的建筑都有其不同寻常的一面。例如，利用现代建筑中用于装饰的玻璃、钢材等反光装饰物，在环境中的有趣景象被映射其中时，通过特写的景别进行拍摄，或者在夜晚采用聚焦放射的拍摄手法拍摄闪烁的霓虹灯。总之，只要有一双善于发现美的眼睛以及敏锐的观察力，就可以捕捉到不同寻常的画面。

在实际拍摄过程中，可以充分发挥想象力，不拘泥于小节，自由地创新，使原本普通的建筑在照片中呈现出独具一格的画面效果，形成独特的拍摄风格。

▼ 以俯视的角度拍摄，利用广角镜头将建筑的线条呈现出透视牵引的效果，使观者的注意力集中到画面中的橙色区域，画面极具张力（焦距：24mm　光圈：F2.8　快门速度：1/125s　感光度：ISO800）

利用建筑结构韵律形成画面的形式美感

韵律原本是音乐中的词汇，但实际上在各种成功的艺术作品中，都能够找到韵律的痕迹，韵律的表现形式随着载体形式的变化而变化，但均可给人以节奏感、跳跃感以及生动感。

建筑摄影创作也是如此，建筑被称为凝固的音符，这本身就意味着在建筑中隐藏着流动的韵律，这种韵律可能是由建筑线条形成的，也可能是由建筑自身的几何结构形成的。因此，如果仔细观察，就能够从建筑物中找到点状的美感、线条的美感和几何结构的美感。

在拍摄建筑时，如果能抓住建筑结构所展现出的韵律美感进行拍摄，就能拍摄出非常优秀的作品。另外，拍摄时要不断地调整视角，将观察点放在那些大多数人习以为常的地方，通过运用建筑的语言为画面塑造韵律，也能够拍摄出优秀的照片。

▼ 仔细观察不难发现，在现代建筑中较多地运用了线条元素，摄影师可以抓住这一点进行拍摄，获得形式感十足的画面效果（焦距：22mm 光圈：F8 快门速度：3s 感光度：ISO200）

逆光拍摄剪影以突出建筑的轮廓

虽 然不是所有建筑物都能利用逆光拍摄，但对于那些具有完美线条、外形独特的建筑物来说，逆光是最完美的造型光线。

需要注意的是，应该对着天空或地面上较明亮的区域测光，从而使建筑物由于曝光不足而呈现为黑色剪影效果。

对于那些无法表现全貌的建筑，可以通过变换景别、拍摄角度来寻找其中线条感、结构感较强的局部，如古代建筑的挑檐、廊柱等，将其呈现为剪影效果进行刻画。

▼ 采用逆光拍摄建筑时，利用点测光模式对准天空的亮部进行测光，可获得天空层次细腻、地面景物呈剪影效果的画面，将建筑物的轮廓清晰地展现出来（焦距：85mm　光圈：F14　快门速度：1/500s　感光度：ISO200）

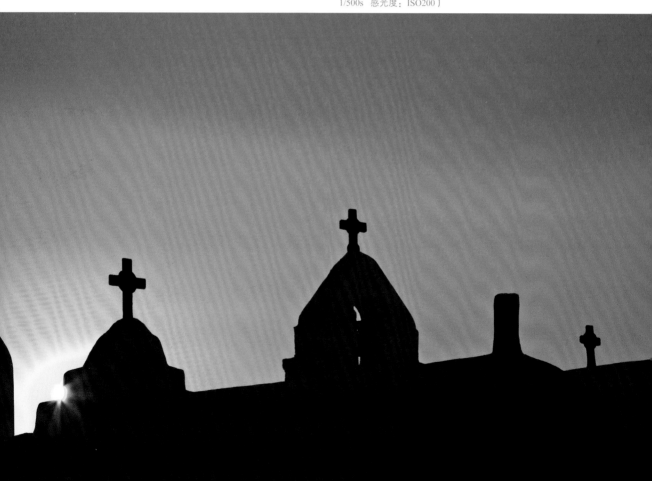

城市夜景摄影实战攻略

拍摄夜景的光圈设置

在拍摄夜景时，为了获得最大的景深效果，摄影师可以根据自己与当前景物的距离来选择合适的光圈。如果前后的景深跨度不大，可以使用较大的光圈进行拍摄，反之则需要使用小光圈，以确保整个场景中所有的图像都是清晰的，如常见的 F8、F11 或 F16 等。出于对画质的考虑，不建议使用最小的光圈，如 F22、F32 等。

拍摄夜景的ISO设置

值得一提的是，在拍摄夜景时，只要能使用三脚架或能保证相机稳定，就不建议通过提高 ISO 感光度数值的方法来提高快门速度，这样很容易产生噪点而毁掉作品。因此，为了得到画质令人满意的作品，应该慎重使用高感光度，较常用的感光度数值是 ISO100 和 ISO200。

▼ 使用小光圈拍摄城市夜景，画面中的景物都十分清晰（焦距：35mm 光圈：F16 快门速度：19s 感光度：ISO200）

拍摄夜景时的快门速度设置

拍摄夜景时快门速度几乎是最重要的拍摄参数，如果快门速度过高，则拍摄出来的照片会由于曝光不足而呈现为一片漆黑；如果快门速度过低，则可能导致夜景中的灯光部分全部过曝。不同的夜景由于光线的强弱程度不同，因此拍摄夜景时没有快门速度推荐值，摄影师需要通过试拍不断调整快门速度。

这一点在夜晚拍摄车流时表现得尤其明显，右侧4张照片是分别使用不同的快门速度拍摄的车流画面，可以看出，快门速度越高则画面越黑，车流灯光越呈现为点状；反之，快门速度越慢则画面越明亮，车流灯光在画面中越发呈现为线状。

▲ 快门速度：1/20s

▲ 快门速度：1/5s

▲ 快门速度：4s

▲ 快门速度：6s

▼ 采用长时间曝光拍摄夜晚盘山路的车流时，三脚架与B门配合使用，使车流呈现出流动的曲线美（焦距：24mm 光圈：F22 快门速度：75s 感光度：ISO100）

拍摄呈深蓝色调的夜景

为了捕捉到典型的夜景气氛，不一定要等到天空完全黑下来才去拍摄，因为相机对夜色的辨识能力比不上我们的眼睛。太阳已经落山，夜幕正在降临，路灯也已经开始点亮了，此时是拍摄夜景的最佳时机。城市的建筑物在路灯等其他人造光源的照射下，显得非常漂亮。而此时有意识地让相机曝光不足，能拍摄出非常漂亮的呈深蓝色调的夜景。

不过，要拍出呈深蓝色调的夜空，最好能选择一个雨过天晴的夜晚，这样的夜晚天空的能见度好、透明度高，在天将黑未黑的时候，天空中会出现醉人的蓝调色彩，此时拍摄能获得非常理想的画面效果。在拍摄蓝调夜景之前，应提前到达拍摄地点，做好一切准备工作后，慢慢等待最佳拍摄时机的到来。

▼ 使用小光圈俯视拍摄夜景的建筑群，星形的灯光将整个夜色衬托得神秘、浪漫，采用从高处俯视拍摄，观者对城市的景象可以一览无余，画面很有气势(焦距：17mm 光圈：F18 快门速度：24s 感光度：ISO200)

利用水面拍出极具对称感的夜景建筑

在上海隔着黄浦江能够拍摄到漂亮的外滩夜景，而在香港则可以在香江对面拍摄到点缀着璀璨灯火的维多利亚港，实际上类似这样临水而建的城市在国内还有不少，在拍摄这样的城市时，利用水面拍出极具对称感的夜景建筑是一个不错的选择。夜幕下城市建筑群的璀璨灯光，会在水面折射出五颜六色的、长长的倒影，不禁让人感叹城市的繁华、时尚。

要拍出这样的效果，需要选择一个没有风的时候拍摄，否则在水面被吹皱的情况下，倒影的效果不会理想。

此外，要把握曝光时间，其长短对于最终的结果影响很大。如果曝光时间较短，水面的倒影中能够依稀看到水流痕迹；而较长的曝光时间能够将水面拍成如镜面一般平整。

▼ 摄影师使用广角镜头且借助水面拍摄夜幕下的古建筑，暖调的灯光使画面呈现出绚丽的色彩，与蓝色的夜空、水面形成了鲜明的色彩对比，而水中的倒影使画面显得很饱满，给人一种平衡的对称美感（焦距：21mm　光圈：F18　快门速度：24s　感光度：ISO200）

焦距：45mm 光圈：F11 快门速度：1/125s 感光度：ISO100

Chapter **20**

Canon EOS 7D Mark Ⅱ

人像摄影高手实战攻略

拍摄肖像眼神最重要

眼睛是心灵的窗户，一个人的素养及内涵能够通过眼睛流露出来。因此，在肖像摄影中，眼睛是一个非常重要的表现元素，通过表现眼睛，能够展现出被摄者的情绪和内心世界。

这就要求摄影师必须具有敏感的观察力，在拍摄时能够集中注意力去留意人物的表情，尤其是眼神变化，力争捕捉到被摄者独特的神态。

通常，当被摄者的眼睛直视镜头时，更容易与摄影师进行沟通。但这也不是一成不变的，摄影师应根据拍摄现场的情况随机应变。例如，当被摄者的目光偏离镜头时，有可能还沉浸在自己的情绪之中，这时就会表现出与平时不同的神态。而摄影师则应在一旁静静地观察被摄者，以确保在关键时刻迅速按下快门。

▼ 女孩黑白分明的眼睛专注地望着远处，也将观者的想象力拉到了画面之外（焦距：85mm 光圈：F1.8 快门速度：1/500s 感光度：ISO100）

抓住人物情绪的变化

人的情绪往往会通过肢体语言表现出来，因此我们能够从一个人的身上感受到其悲伤、幸福、绝望、喜悦、平静等情绪。而好的摄影师往往能够抓住被摄人物情绪的变化，使拍摄出来的作品更具表现力。

从技术的角度来看，在拍摄人像时，只有当被摄对象在你面前毫无顾忌的时候，其情绪才会真实流露出来，因此摄影师要具有营造有利于模特真情流露的氛围，或者保持某种氛围不被破坏的能力。

另外，在拍摄时还应注意选择拍摄角度及光线，合适的角度及光线是决定一幅作品成败的关键。例如，仰视拍摄的人像让人心生崇敬之感，俯视拍摄的人像又给人一种蔑视感，阴暗的光线给人忧郁的感觉，而明亮的光线则给人清新的感觉。

▲ 在拍摄人像时，如果能抓住人物最真实、自然的瞬间，画面就会生动有趣，并具有很强的艺术感染力（焦距：125mm 光圈：F4 快门速度：1/200s 感光度：ISO100）

通过模糊前景使模特融入环境

前景也常被用于衬托场景气氛，通常可以采取虚化的方式使前景变模糊，从而突出人物主体，拍摄时可通过使用较大光圈来获得小景深的画面效果。

在户外拍摄人像时，经常使用虚化前景的拍摄手法。例如，可以让模特身处芦苇丛、野花丛之中，通过虚化前景使模特与环境融为一体，使画面显得更加和谐。

在室内拍摄时，可以通过在模特前面抛掷花瓣，然后用稍慢一点的快门速度，使画面的前景形成虚化的花瓣飘落效果，来增加场景的唯美效果。

▼ 虚化的前景不仅使模特融入环境，还使画面变得更简洁（焦距：135mm　光圈：F2.8　快门速度：1/320s　感光度：ISO100）

如何拍出素雅的高调人像

高调人像是指画面的影调以亮调为主，暗调部分所占比例非常小，一般来说，白色要占整个画面的 70% 以上。高调照片能给人淡雅、洁静、优美、明快、清秀等感觉，常用于表现儿童、少女、医生等。相对而言，年轻貌美、皮肤白皙、气质高雅的女性更适合采用高调照片来表现。

在拍摄高调人像时，模特应该穿白色或其他浅色的服装，背景也应该选择相匹配的浅色。

在构图时要注意在画面中安排少量与高调颜色对比强烈的颜色，如黑色或红色，否则画面会显得苍白、无力。

在光线选择方面，通常多采用顺光拍摄，整体曝光要以人物脸部亮度为准，也可以在正常曝光值的基础上增加 0.5~1 挡曝光补偿，以强调高调效果。

▼ 增加 1 挡曝光补偿后，新娘的皮肤显得更加白皙，画面呈现出清新、高雅的效果（焦距：200mm　光圈：F2　快门速度：1/1600s　感光度：ISO400）

如何拍出有个性的低调人像

与高调人像相反，低调人像的影调构成以较暗的颜色为主，基本由黑色及部分中间调颜色组成，亮部所占的比例较小。

在拍摄时要注意在画面中安排少量明亮的浅色，否则照片会显得过于灰暗、晦涩。

如果在室内拍摄低调人像，可以通过人为控制灯光使其仅照射在模特的身体及其周围较小的区域，使画面的亮处与暗处有较大的光比。

如果在室外或其他光线不可控制的环境中拍摄低调人像，可以考虑采用逆光拍摄，拍摄时应该对背景的高光位置进行测光，将模特拍摄成为剪影或半剪影效果。

如果采用侧光或顺光拍摄，通常是以黑色或深色作为背景，然后对模特身体上的高光区域进行测光，该区域将以中等亮度或者更暗的影调表现出来，而原来的中间或阴影部分则再现为暗调。

▲ 用暗色作为背景，借助灯光使人物与背景的亮度有很大的反差，从而形成低调感很强的画面效果

重视面部特写的技法

面部特写是人像摄影中比较常用的拍摄方式之一，但大多数人是平凡普通的，乍看之下感觉很平凡，不过只要细心观察就会发现，每个人都有自己的独特之处，这就需要摄影师细心留意并选择恰当的拍摄角度进行表现。例如，对于嘴很诱人、性感的人，可以采用低角度让嘴唇在画面中显得更加突出，并让脸部的其他地方看起来也很清晰；如果某个人的眼睛很漂亮，则可以选择一个高视点让被摄者抬眼看相机，以便在画面中表现其有神的目光，此时必须为眼睛补充眼神光。

当拍摄特写时，人物脸上的毛孔、斑点和任何瑕疵都能被表现出来，即使是看上去很漂亮的人，在这显微镜般查看下，也会把瑕疵完全曝露出来。所以在拍摄前有必要让被摄者化妆，这样才能将特写照片拍得更具美感。当然，也可以在拍摄后使用PS等后期处理软件对照片中的瑕疵进行美化。

▶ 选择三分之一的侧面拍摄，表现了模特精致、柔美的脸部线条，仰起的头部配合微笑的表情，给人一种对美好事物的憧憬感（焦距：135mm 光圈：F2 快门速度：1/400s 感光度：ISO100）

恰当安排陪体美化人像场景

对普通人以及部分初入行的模特来说，摆姿时手的摆放都是一个较难解决的问题，手足无措是她们此时最真实的写照。如果能让模特手里拿一些道具，如一本书、一簇鲜花、一把吉他、一个玩具、一个足球或一把雨伞等，都可以帮助她们更好地表现拍摄主题，且能够更自然地摆出各种造型。

另外，道具有时也可以成为画面中人物情感表达的通道和构成画面情节的纽带，让人物的表现与画面主题更紧密地结合在一起，从而使作品更具有感染力。

▶ 散落在模特周围的气球不仅丰富了画面色彩，也将模特衬托得很俏皮、可爱（焦距：135mm 光圈：F3.2 快门速度：1/800s 感光度：ISO400）

采用俯视角度拍出小脸美女效果

俯视拍摄有利于表现被摄人物所处的空间层次，在拍摄正面半身人像时，能起到突出头顶、扩大额部、缩小下巴、掩盖头颈长度等作用，从而获得较理想的脸部清瘦的效果。

这种视角很适合表现女孩的面部，因为在拍摄时由于透视的原因，可以使女孩的眼睛看起来更大，下巴变小，突出被摄者的妩媚感，这也是为什么当前有许多自拍者，都采用手持相机或手机从头顶斜向下自拍面部的原因。

高手点拨

如果画面中被摄人物的四周留有足够的空间，可以产生孤单、寂寞的画面效果。

▶ 由于俯视拍摄改变了透视关系，模特的脸显得非常小，黑白分明的眼睛在画面中很引人注目（焦距：50mm 光圈：F2.5 快门速度：1/250s 感光度：ISO640）

用反光板为人物补光

反光板是拍摄人像时使用频率较高的配件，通常用于为被摄人物补光。例如，当模特背向光源时，如果不使用反光板进行正面补光，则拍摄出来的照片中模特的面部会显得比较暗。

很多反光板都是五合一组合型的，即同时带有金、银、黑、白和灰色的柔光板。常见的反光板尺寸有 50mm、60mm、80mm 和 110mm 等。如果只是拍摄半身像，使用 60mm 左右的反光板就足够了；如果经常拍摄全身像，那么建议使用 110mm 以上的反光板。

常见的反光板形状有圆形和矩形两种，其中矩形反光板的反光效果更好，但携带不方便；而圆形反光板虽然反光效果略逊色一些，但它可以折叠起来装在一个小袋子（通常在购买时厂家会附送）里，携带非常方便。

➤ 在逆光拍摄时，使用反光板为模特的面部补光，使其面部皮肤白皙、细腻，脖子下也没有厚重的阴影，将女孩子青春、亮丽的特点充分表现出来（焦距：85mm 光圈：F4 快门速度：1/125s 感光度：ISO100）

用S形构图拍出婀娜身形

在现代人像拍摄中，尤其是人体摄影中，S形构图越来越多地用来表现人物身体某一部位的线条感，但要注意的是，S形构图中弯曲的线条朝哪一个方向以及弯曲的力度都是有讲究的。

弯曲的力度越大，所表现出来的力量也就越大，所以，在人像摄影中，用来表现身体曲线的S形线条的弯曲程度不应该太大，否则会由于模特过于用力，而影响到身体其他部位的表现效果。

女性模特无论采用站姿、坐姿还是躺姿，都能够使身体的线条呈S形，但不同姿势的S形给人的感受不同。例如，躺姿或趴姿形成的S形，给人的感觉是性感；而站姿或倚姿形成的S形，仅仅能够让人感觉模特玲珑的身材，当然也与模特的表情与着装有关。

▶ S形构图使模特显得更加恬静优美，将女性优美的气质表现得淋漓尽致（焦距：135mm 光圈：F2.8 快门速度：1/500s 感光度：ISO100）

用遮挡法掩盖脸型的缺陷

有时被摄者的脸型也许不尽如人意，在拍摄时可通过调整拍摄角度或是利用发型、道具等进行局部遮掩的方法，来获得比较美观的画面效果。

但要注意的是，在遮掩脸型的时候，要着重表现被摄者的眼神，使观者的注意力随之转移，将画面的兴趣点转移到人物的眼睛上。

▶ 在脸的两边留比较厚重的头发可以起到掩饰两颊的作用，还可以让模特望向一边，表现线条流畅的侧脸，使其脸部给人很精致的感觉（焦距：35mm 光圈：F2 快门速度：1/25s 感光度：ISO500）

儿童摄影实战攻略

以顺其自然为原则

对儿童摄影而言，可以拍摄他们在欢笑、玩耍甚至是哭泣的自然瞬间，而不是指挥他们笑一个，或将手放在什么位置。除了专业模特外，这样的要求对绝大部分成年人来说都会感到紧张，更何况那些纯真的孩子们。

即使您真的需要让他们笑一笑或做出一个特别的姿势，那也应该采用间接引导的方式，让孩子们发自内心、自然地去做，这样拍出的照片才是最真实、最具有震撼力的。

▶ 顽皮的孩子在忘情地够树上的柿子，完全忘记了周围的一切，表情自然而放松，摄影师敏锐地捕捉到这个生动的瞬间（焦距：200mm 光圈：F4 快门速度：1/500s 感光度：ISO100）

拍摄儿童天真、纯洁的眼神

孩子们的眼神总是很纯真的，在拍摄儿童时应该将其作为表现的重点。在拍摄时应注意寻找眼神光，即眼睛上的高光反光亮点，具有眼神光的眼睛看上去更有活力。如果光源亮度较高，在合适的角度就能够看到并拍到眼神光；如果光源较弱，可以使用反光板或柔光箱对眼睛进行补光，从而形成明亮的眼神光。

▲ 眼神光使孩子的眼睛看起来纯真、有神，干净的画面也将孩子天真、纯情的特点突出表现出来（焦距：200mm 光圈：F5.6 快门速度：1/4000s 感光度：ISO400）

如何拍出儿童柔嫩皮肤

适当增加曝光补偿

在拍摄儿童照片时，在正常测光数值的基础上适当增加 1/3~1 挡曝光补偿，以适当提亮整个画面，使儿童的皮肤看上去更加粉嫩、白皙。

▶ 在室内拍摄宝宝时，可稍微增加曝光补偿来提亮画面，使宝宝的皮肤看起来更加白皙（焦距：50mm 光圈：F4 快门速度：1/200s 感光度：ISO100）

利用散射光拍摄

散射光通常是在室外阴天中的光线或者没有太阳直射的光线。在这样的光线环境中拍摄儿童，不会出现光比较大的情况，且无浓重阴影，整体影调柔和细腻，儿童的皮肤看起来也更加柔和、白皙。

▲ 选择光线不是很强烈的天气下拍摄，孩子脸上不会留下难看的阴影，也将其细腻的皮肤表现得很好（焦距：135mm 光圈：F3.5 快门速度：1/500s 感光度：ISO100）

利用玩具吸引儿童的注意力

在儿童摄影中，陪体通常指的就是玩具，无论是男孩子手中的玩具枪、水枪，还是女孩子手中的皮筋、跳绳，都能够在画面中与儿童构成一定的情节，并使孩子更专心于玩耍，而忘记镜头的存在，此时摄影师就能够比较容易地拍摄到儿童专注的表情。

因此，许多专业的儿童摄影工作室，都备有大量的儿童玩具，其目的也仅在于吸引孩子的注意力，使其处于更自然、活泼的状态。

▶ 拍摄时借助满满的果篮让孩子沉浸在自己玩乐的世界中，而无暇顾及其他，从而可以随心所欲地进行拍摄，而且果篮也是不错的道具，可以为画面增添美感（焦距：85mm 光圈：F3.2 快门速度：1/320s 感光度：ISO100）

▼ 随时准备好相机，在孩子被吸引住的瞬间立刻拍下，这时候孩子的表情非常生动，画面显得情切、自然（焦距：200mm 光圈：F4 快门速度：1/1000s 感光度：ISO100）

通过抓拍捕捉最生动的瞬间

要表现儿童自然、生动的神态，最好在儿童玩耍的时候抓拍，这样可以拍摄到最自然、生动的画面，同时照片也具有一定的纪念意义。如果拍摄者是儿童的父母，可以一边参与儿童的游戏，一边寻找合适的时机，以足够的耐心眼疾手快地定格精彩瞬间。

拍摄时应该选择快门优先曝光模式，并根据拍摄时环境的光照情况，将快门速度设置为可以得到正常曝光效果的最高快门速度，必要时可以适当提高 ISO 数值，这样才能够定格孩子生动的瞬间。

为了不放过任何一个精彩的瞬间，在拍摄时应该将驱动模式设置为连拍模式。

▼ 使用较高的感光度得到了较快的快门速度，利用连拍模式将小朋友嬉戏的过程记录了下来，画面生动、自然。拍摄完成后，只需从中挑出最满意的几张即可（焦距：200mm　光圈：F4　快门速度：1/500s　感光度：ISO100）

拍摄儿童自然、丰富的表情

无论是欢笑、喜悦、幻想、活跃、好奇、爱慕，还是沮丧、思虑、困倦、顽皮、失望，孩子们的表情都具有非常强的感染力，因此在拍摄时，不妨多捕捉一些有趣的表情，为孩子们留下更多的回忆。

摄影师在拍摄时应该用手按着快门，眼睛全神贯注地观察儿童的表情，一旦儿童表情状态较佳时就迅速按下快门，并采用连拍方式提高拍摄的成功率。

▲ 这个年龄的小家伙，只要你用心和她沟通、交流，就有机会捕捉到各种有趣的鬼脸（焦距：85mm 光圈：F2.8 快门速度：1/640s 感光度：ISO100）

拍摄儿童娇小、可爱的身形

拍摄儿童除表现其丰富的表情外，其多样的肢体语言也有着很大的可拍性，包括其有意识的指手画脚，也包括其无意识的肢体动作等。

摄影师还可以在儿童睡觉时对其娇小的肢体进行造型，在凸显其可爱身形的同时，还可以组织出具小品样式的画面，以增强趣味性。

▶ 以干净的毛巾作为拍摄宝宝的背景，将其娇嫩、白皙、娇小的身形很好地衬托出来

焦距：100mm 光圈：F8 快门速度：1/100s 感光度：ISO400

Chapter **21**

Canon EOS 7D Mark II

生态自然摄影高手实战攻略

花卉摄影实战攻略

运用逆光表现花朵的透明感

很多花卉处于逆光下会显得非常漂亮，因为在逆光下花瓣会呈半透明状，花卉的纹理也能被非常细腻地表现出来，画面显得纯粹而透明，给人以很柔美的视觉感受。

▲ 采用逆光拍摄，透明的花瓣使花卉产生类似发光的视觉效果，营造出唯美的画面（焦距：60mm 光圈：F5.6 快门速度：1/1250s 感光度：ISO100）

通过水滴拍出娇艳的花朵

通常在湿润的春季，清晨时花草上都会存留一些晨露。很多摄影师喜欢在早晨拍摄这些带有晨露的花朵，这时的花朵也因为晨露的滋润而显得格外饱满、艳丽。

要拍摄有露珠的花朵，最好用微距镜头以特写的景别进行拍摄，使分布在叶面、叶尖、花瓣上的露珠不但会给予其雨露的滋润，还能够在画面中形成奇妙的光影效果，景深范围内的露珠清晰明亮、晶莹剔透，而景深外的露珠则形成一些圆形或六角形的光斑，装饰美化着背景，给画面平添几分情趣。

如果没有拍摄露珠的条件，也可以用小喷壶对着花朵喷几下，从而使花朵上沾满水珠。要注意的是，洒水量不能太多，向花卉上喷洒一点点水雾即可。

▲ 大小不一、晶莹剔透的水珠散落在紫色花瓣上，将花朵衬托得更加娇艳，使画面看起来富有生机和情趣（焦距：60mm 光圈：F3.5 快门速度：1/640s 感光度：ISO320）

以天空为背景拍摄花朵

如果拍摄花朵时其背景显得很杂乱，而手中又没有反光板或类似的物件，可以采用仰视拍摄的方法，以天空为背景，这样拍摄出来的画面不仅简洁、干净，而且看起来比较明亮，天空中纯净的蓝色与花卉鲜艳的色彩形成对比与呼应，使画面看起来整体感很强。

如果要拍摄的花朵位置比较低，则摄影师可能需要趴在地面上进行仰视拍摄。

也可以采取将相机放低并盲拍的方法来碰碰运气，有时也能够拍摄出令人意想不到的好照片。

▲ 仰视拍摄的花卉，以干净的蓝天为背景，斜线构图使花朵看起来生命力十足，给人欣欣向荣的感觉（焦距：85mm 光圈：F5.6 快门速度：1/1000s 感光度：ISO100）

以深色或浅色背景拍摄花朵

要拍好花朵，控制背景是非常关键的技术之一，通常可以通过深色或浅色背景来衬托花朵的颜色，此外还可以用大光圈、长焦距来虚化背景。

对于浅色的花朵而言，深色的背景可以很好地表现花卉的形体。拍摄时要想获得黑色背景，只要在花卉的背后放一块黑色的背景布就可以了。如果手中的反光板就有黑面，也可以直接将其放在花卉的后面。在放置背景时，要注意背景布或反光板与花朵之间的距离，只有距离合适，获得的纯色背景才会比较自然。在拍摄时，为了让花卉获得准确曝光，应适当做负向曝光补偿。

同样，对于那些颜色比较深的花朵而言，应该使用浅色的背景来衬托，其方法同样可以利用手中的浅色或白色的反光板以及纸片、布纹等物件，由于背景的颜色较浅，因此拍摄时要适当做正向曝光补偿。

▲ 为了将杂乱的背景弱化，花朵被突出地表现出来，拍摄时适当减少曝光补偿，在压暗背景的同时，花朵的色彩也更加浓郁（焦距：200mm 光圈：F5.6 快门速度：1/320s 感光度：ISO400）

露珠摄影实战攻略

用曝光补偿使露珠更明亮

根据"白加黑减"的曝光补偿理论，在拍摄有水滴及阳光照射的明亮花草时，应该做正向曝光补偿，这样能够弥补相机的测光失误。但在实际拍摄过程中也应灵活运用，如果拍摄的水滴所附着的花草本身色彩较暗，例如墨绿色或紫色，则非但不能够做正向曝光补偿，反而应该做负向曝光补偿，这样才能够在画面中突出水滴的晶莹质感。

使用微距镜头拍摄水珠时，增加曝光补偿使露珠显得更加明亮的同时，整幅画面的层次和色彩也都得到了很好的表现（焦距：60mm 光圈：F9 快门速度：1/60s 感光度：ISO200）

逆光拍摄晶莹剔透的露珠

为了使拍摄出来的露珠能够折射太阳的光线，从而使露珠在画面中表现出晶莹剔透的质感与炫目光芒，在拍摄时最好选择逆光，此时露珠的背景通常比较暗，因此更能将晶莹透亮的露珠衬托出来。

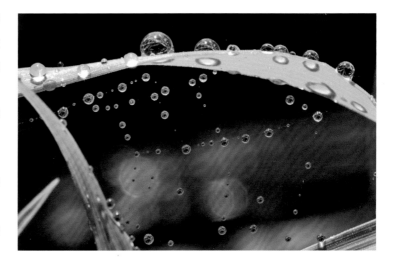

▶ 选择深色背景逆光拍摄露珠时，可使露珠上的高光与深色背景形成明暗对比，从而使露珠显得更加晶莹剔透（焦距：180mm 光圈：F4.5 快门速度：1/50s 感光度：ISO1600）

如何拍好露珠上折射的景物

如果使用的是放大倍率为1∶1的微距镜头，或能够以大于1∶1放大倍率进行拍摄的更专业的微距拍摄设备，可以考虑以较近的距离拍摄露珠上折射的景物。为了拍出这种效果，露珠的周围应该有可供光线折射的丰富景象，拍摄时应该将焦点对在露珠的轮廓处，这样可以拍出边缘清晰、锐利的露珠。

如果在拍摄时选择小光圈，露珠的轮廓可能会更清晰，但在获得相同曝光量的情况下，快门速度会较慢，对于手持相机拍摄会有不利影响。

而如果以大光圈拍摄，露珠的轮廓可能不会很清晰，但可以获得较快的快门速度，而且也能够在所拍摄的主体露珠前后形成虚化效果，使其前后处的露珠在画面中表现为光彩夺目的弥散圆点。因此，摄影师应该根据当时的拍摄情况或希望得到的画面效果，灵活确定拍摄时应使用多大的光圈。

▼ 摄影师采用大光圈拍摄的露珠，对准露珠对焦，将露珠上的折射物也表现得很清晰，画面给人很精致的感觉（焦距：65mm　光圈：F9　快门速度：1/200s　感光度：ISO200）

昆虫摄影实战攻略

手动精确对焦拍摄昆虫

对于拍摄昆虫而言，必须将焦点设在非常细微的地方，如昆虫的复眼、触角、粘到身上的露珠以及花粉等位置，但要使拍摄达到如此精细的程度，相机的自动对焦功能往往很难胜任。因此，通常应使用手动对焦功能进行准确对焦，从而获得质量更高的画面。

如果所拍摄的昆虫属于警觉性较低的类型，应该使用三脚架以帮助对焦，否则只能通过手持的方式进行对焦，以应对昆虫可能随时飞起、逃离等突发情况。

手动对焦拍摄的小景深画面，虚化的背景将昆虫的身体衬托得十分清晰（焦距：105mm 光圈：F3.5 快门速度：1/400s 感光度：ISO100）

拍摄昆虫眼睛使照片更传神

在 拍摄昆虫时，要尽量将昆虫头部和眼睛的细节特征表现出来。这一点实际上与拍摄人像一样，如果被摄主体的眼睛对焦不实或没有眼神光，照片就显得没有神采。因为观者在观看此类照片时，往往会将视线落在照片主体的眼睛位置，因此传神的眼睛会令照片更生动，并吸引观者的目光。

要清晰地拍出昆虫的眼睛并非易事，首先，摄影师必须快速判断出昆虫眼睛的位置，以便于抓住时机快速对焦；其次，昆虫的眼睛大多不是简单的平面结构而呈球形，因此在微距画面的景深已经非常小的情况下，将

立体结构的昆虫眼睛完整地表现清楚并非易事。要解决这两个问题，前者依靠学习与其相关的生物学知识，后者依靠积累经验，找到最合适的景深与焦点位置。

▲ 将昆虫眼部丰富的细节作为画面的表现主体，使作品具有强烈的视觉震撼力，给观者带来新奇、独有的视觉感受（焦距：60mm 光圈：F4 快门速度：1/125s 感光度：ISO200）

正确选择焦平面

焦平面是许多摄影爱好者容易忽视的问题，但却对于能否拍出主体清晰、景深合适的昆虫照片是至关重要的。由于微距摄影的拍摄距离很近，因此景深范围很小。例如，在 1∶1 的放大倍率下，22mm 焦距所对应的景深大约只有 2mm；在 1∶2 的放大倍率下，22mm 焦距所对应的景深也只有 6mm。因此，在拍摄时如果不能正确选择焦平面的位置，将要表现的昆虫细节放在一个焦平面内，并使这个平面与相机的背面保持平行，那么要表现的细节就会在景深之外而成为模糊的背景。

最典型的例子是拍摄蝴蝶，如果拍摄时蝴蝶的翅膀是并拢的，那么就应该调整机背使之与翅面平行，让镜

头垂直于翅膀，这样准确对焦后，才能将蝴蝶清晰地拍摄出来。

由于拍摄不同昆虫所要表现的重点不一样，因此在选择焦平面时也没有一定之规，但最重要的原则就是要确保希望表现的内容尽量在一个平面内。

▲ 为了将蝴蝶美丽的翅膀清晰地呈现出来，需选择侧面的角度对其进行拍摄（焦距：180mm 光圈：F5.6 快门速度：1/1000s 感光度：ISO800）

宠物摄影实战攻略

使用高速连拍提高拍摄宠物的成功率

宠物一般不会像人一样有意识地配合摄影师的拍摄活动，其可爱、有趣的表情随时都可能出现。一旦发现这些可爱的宠物做出不同寻常或是非常有趣的表情和动作时，要抓紧时间拍摄，建议使用连拍模式避免遗漏精彩的瞬间。

▶ 如果想拍到动物有趣的表情，使用高速连拍是不错的选择。猫咪打哈欠的可爱画面就是使用高速连拍模式抓拍到的

用小物件吸引宠物的注意力

在拍摄宠物时，经常使用小道具来调动宠物的情绪，既可丰富画面构成，又能够增加画面的情趣。

把某些看起来很可爱的道具放在宠物的头部、身上，或者是让宠物钻进一个篮子里等，都会使拍出的照片更加生动有趣。

家里常用的物件都可以成为很好的道具，如毛线团、毛绒玩具，甚至是一卷手纸都能够在拍摄中派上大用场。

▲ 绿色的狗尾草成功地吸引了猫咪的注意力，唤醒了其活泼好动的天性，拍摄时针对猫咪眼睛对焦，突出了其好奇、可爱的神情（焦距：60mm 光圈：F4.5 快门速度：1/400s 感光度：ISO100）

鸟类摄影实战攻略

选择连拍模式拍摄飞鸟

鸟儿在飞行过程中，姿态会不断发生变化，几乎每一次改变都可以成为一次拍摄机会，要想尽可能多地抓住机会，将相机设定为连拍模式，能够避免错过最精彩的瞬间，然后可以从中挑选出最为满意的照片。

由于鸟儿的飞行速度较快，在使用高速连拍功能拍摄时，有时会感觉连拍速度较慢。可能导致连拍速度下降的原因如下：①当电池的剩余电量较低时，连拍速度会下降；②在人工智能伺服自动对焦模式下，因主体和使用的镜头不同，连拍速度也有可能会下降；③当开启了"高 ISO 感光度降噪功能"或在弱光环境下拍摄时，即使设置了较快的快门速度，连拍速度也会变慢。了解了上述可能导致连拍速度变慢的原因后，当连拍速度不够时就可以通过对应排查来解决问题。

▲ 在拍摄飞行的鸟儿时，要常常用到连拍模式。由于其警觉性很高，所以使用高速连拍功能进行抓拍，可提高拍摄的成功率（焦距：450mm 光圈：F6.3 快门速度：1/2000s 感光度：ISO100）

巧用水面拍摄水鸟表现形式美

在拍摄水边的鸟儿时，倒影是绝对不可以忽视的构图元素，鸟儿的身体会由于倒影的出现，而呈现一虚一实的对称形态，使画面有了新奇的变化。而水面波纹的晃动则会使倒影呈现出一种油画的纹理，从而使照片更具有观赏性。

▶ 摄影师使用长焦在远处拍摄的画面，将水面虚化的倒影与主体一同纳入镜头，获得主体突出、虚实相衬的画面（焦距：500mm 光圈：F13 快门速度：1/800s 感光度：ISO400）

注意在运动方向留出适当的空间

跟随拍摄飞鸟时，通常需要在鸟儿的运动方向留出适当的空间。一方面可获得符合美学观念的构图样式，降低跟随拍摄的难度，增加拍摄的成功率；另一方面能为后期裁切出多种构图样式留有更大的余地。

▲ 在苍鹭飞行的前方留白，将其向前运动的感觉表现得十分到位，同时斜线构图的使用使画面极具动感效果（焦距：500mm 光圈：F5.6 快门速度：1/3200s 感光度：ISO320）

选择合适的测光模式拍摄飞鸟

在拍摄飞鸟时，如果想在画面中完美表现出其羽毛细腻、柔亮的质感，可采用点测光模式进行测光。

在测光时，测光点一般要置于被摄主体之上。需要注意的是，测光点不能选在被摄对象过亮或者过暗的区域，否则将会导致画面过曝或欠曝。

如果拍摄的场景光线均匀，可以选择评价测光模式；如果场景的光线相对复杂，但要拍摄的鸟儿位于画面的中间位置，可以考虑采用中央重点平均测光模式。

▲ 在背景较暗的情况下，使用点测光针对飞鸟测光可以保证测光不受其暗环境的影响，从而使飞鸟主体获得精确曝光，并从背景中分离出来，很好地突出了飞鸟身上漂亮的轮廓光（焦距：200mm 光圈：F8 快门速度：1/4000s 感光度：ISO200）